減糖飲食

持續瘦身不反彈

U0111326

孫晶丹 主編

萬里機構

目錄

1 PART 給家常菜「減糖」，讓你吃飽又吃瘦

2 PART 含糖量小於5克，最常吃的減糖家常菜

3 PART 不用捱餓！用肉蛋類製作的減糖菜

4 PART 沙律和醃菜，提前做好隨時享美味

5 PART 湯品和燉煮菜，滋養身體不長胖

6 PART 減糖甜點，讓甜蜜零負擔

給家常菜「減糖」，
讓你吃飽又吃瘦

你曾想過每天大魚大肉、三餐吃飽，依然能越吃越瘦嗎？其實很簡單，只需把身體調整到優先燃燒脂肪的代謝狀態，你就可以變成怎麼吃都不胖的人。讓減糖飲食幫你輕鬆實現這個目標。

減糖飲食：
建立瘦身的良性循環

減糖不僅有助於身體健康，而且也是快速瘦身的秘訣。但是，大多數人的飲食仍以精緻澱粉以及含糖量較高的食物為主；因此身體無法開啟瘦身的開關，使減肥變得相當困難。

減糖飲食三大優點——不餓肚、不反彈、易堅持

要弄明白什麼是減糖飲食，首先要知道糖類到底是什麼。所謂的糖類，不僅僅指白糖，還包括碳水化合物減去膳食纖維後剩下的部分，而在碳水化合物中，膳食纖維的含量非常少；因此可以認為，碳水化合物幾乎全都是糖類構成的。我們日常的主食，如米飯、麵條、麵包，以及根莖類蔬菜，如馬鈴薯、番薯、山藥、紅蘿蔔，這些食物都含有大量的碳水化合物。

不同於一般的減肥法則主張控制油脂及總熱量，減糖飲食的關鍵是控制碳水化合物的攝取。對於長期大量攝入碳水化合物的人來說，實行減糖飲食後減肥效果會特別明顯。

迅速瘦身是減糖飲食的一大特徵。由於限制了碳水化合物的攝入量，因此也無需計較總熱量的多少。蛋白質作為身

○ 含糖量多的食物

體必需的營養素，應該積極攝取，它並非瘦身的敵人，所以一般被認為減肥大忌的肉類是可以放心食用的。除此之外，酒類中也有很多含糖量低的。如此一來，進行減糖飲食既不用忍饑挨餓，又不用刻意選擇口感寡淡的食材，想要堅持下去非常容易，並且不易反彈。

對於某些嗜糖如命的人，一開始進行減糖飲食可能會比較痛苦，但當身體適應一段時間之後，會發現自己不僅更瘦、更美，而且更健康，不知不覺養成了易瘦的體質。

在減糖飲食初期，務必積極做功課，弄清楚各種食物的含糖量多少，慢慢調試出適合自己的低糖菜譜。

習慣減糖飲食，讓身體習慣燃燒脂肪

　　為什麼攝取過量的糖類容易發胖呢？人體有三大營養物質─糖類、蛋白質、脂肪，由於糖類最容易被身體所利用，因此人體攝取了糖類之後，身體會優先將其轉化為能量來利用，等糖類消化完之後，才開始消耗體內的脂肪。也就是說，過多地攝入糖類物質，會使身體幾乎沒有機會消耗脂肪，多餘的脂肪就會一直以「肥肉」的形式儲存在身體裏。另外，人體攝入糖類之後，身體會分泌胰島素來降低血糖，而胰島素會刺激人想吃更多的糖；因此陷入惡性循環，不知不覺吃進越來越多的糖類，造成肥胖。

　　明白了以上原理，就很容易理解減糖飲食的訣竅，就是少吃含糖量高的食物。蛋白質和脂肪不會導致血糖升高，可以正常攝取。通過少吃糖類，多攝取蛋白質、脂肪、維他命等營養素，身體就會逐漸適應先消化脂肪，從而達到瘦身的目的。脂肪分解後產生的酮體也會被身體用作能量來源，加速脂肪的燃燒。身體一旦建立起這種良性循環，自然就容易瘦下來。

○減糖瘦身的良性循環

1

降低糖類的攝取量

少吃米飯、麵條、麵包之類的碳水化合物，均衡攝取肉類、魚類、蛋類及豆製品等蛋白質以及蔬菜、水果和有益油脂。

2

身體轉換消耗能量的系統

減糖之後，身體從優先消耗糖類的系統，逐漸轉換成優先燃燒脂肪的系統。

3

大量燃燒脂肪

脂肪分解後產生酮體，酮體又能增加脂肪燃燒的速度。

4

建立起瘦身的良性循環

以酮體為能源，身體即可健康活動。體內不再分泌過多胰島素，不會想吃甜食，也不會堆積脂肪。

持續瘦身

減糖飲食的三個階段，
打開身體的快瘦開關

減糖飲食會使身體攝入的糖分大大減少，因此需要給身體一個逐漸適應的過程，最後使身體習慣這種飲食結構，達到新的平衡狀態。我們可以大致上把減糖飲食分為適應期、減量期、維持期三個階段。

適應期	減量期	維持期
每餐飯含糖量＜ 20 克（每天攝入總糖量＜60 克）	每餐飯含糖量＝ 20 克（每天攝入總糖量＝60 克）	20克＜每餐飯含糖量＜40 克（或 60 克＜每天攝入總糖量＜120 克）

適應期

為了讓身體迅速適應減糖飲食，建議採用本書第二章的減糖食譜，將每道菜的含糖量控制在 5 克以下。

在這個階段，每餐攝取的糖類必須低於 20 克，一天攝入的糖類總量不多於 60 克。這可能是比較具有挑戰性的一個階段，但是由於剛剛開

始實行減糖飲食，自信心和熱情較足，因此大部分人都能夠順利地渡過這一階段。

適應期的最短時間為一周，如果能堅持兩周效果會更好。在這段時間，需要努力適應大幅降低糖類攝取量的飲食方式，對於之前習慣攝入大量糖分的人來說，最好先熟記哪些食材可以選用，哪些食材儘量不要選用，列出一份清單。例如，調味料可使用鹽、胡椒、醬油、味噌、沙律醬、八角、桂皮、茴香、香草、檸檬等，避免使用番茄醬、豆醬、澱粉等，學會享用食材的原味。

適應期唯一的秘訣，就是徹底斷絕含糖高的飲食，不要猶豫不決。萬一出現空腹、焦慮、頭痛等不適症狀，可以補充椰奶或椰子油來緩和。

減量期

本期建議採用本書第三章中含有肉類、魚類、蛋類、豆製品的食譜，第四章的蔬菜食譜以及第五章的湯品和燉菜，享受多變的減糖飲食，增加堅持的動力。

經過一周至兩周的適應期，便可進入減量期，每餐攝取的糖類可比適應期稍多，但也不能高於 20 克。

減量期持續的時間每個人不等，需要持續進行，達到目標體重為止。但一般而言，一旦達到與身高匹配的標準體重，體重就很難再大幅下降，繼續減肥還有可能損害健康，因此務必科學設定目標體重。這一時期由於攝入了足夠量的蛋白質，因此在減重的過程中也能維持健康和美麗。

為了能夠長期執行減量期的飲食，可稍微吃些鮮奶油、無糖乳酪，根莖蔬菜也可偶爾食用，每餐攝入的總糖量不超過 20 克即可。途中如果感到難以堅持或者體重出現暫時的波動，請不要影響心情，持之以恆才是成功的關鍵。

快速估算 20 克含糖量

○ 米飯1兩（50克）＝約1/3碗飯
○ 法棍麵包37克＝約4厘米厚的一片
○ 煮熟的掛麵80克＝約30克乾麵
○ 煮熟的意大利粉75克＝約30克乾麵
○ 煮熟的烏龍麵100克＝約35克乾麵
○ 煮熟的蕎麥麵80克＝約40克乾麵
○ 一個中等大小的馬鈴薯

維持期

除了減量期可以選擇的食譜，還可以適量選擇第六章中的甜點，並可少量攝取紅蘿蔔等含糖量高但營養豐富的食材，持續執行輕鬆的減糖飲食。

一旦達到目標體重，就可以進入維持期了。在這個階段，可以稍微吃一點前兩個階段中完全不能碰的食材和菜品，但是也要時刻提防反彈，建議慢慢地增加糖類的攝取量，避免一次吃太多。

有些含糖量高的食物，如意大利粉、薄餅等，很容易一不小心就吃太多，這有可能導致減糖飲食前功盡棄；因此要時刻保持清醒，按照先前的習慣，先計算好份量再食用，切不可憑藉感覺來決定每種食物的攝取量。

小貼士

a 在適應期最好刻意多攝取蛋白質，徹底擺脫對於糖分的依賴。

b 米飯、麵條等主食的含糖量都很高，要習慣只攝入正常份量的三分之一。

c 喜歡吃甜食的人也可以大膽嘗試減糖飲食；因為身體一旦習慣了減糖飲食法，就不會像以前一樣有特別想吃甜食的慾望，人也會感覺越來也清爽。

讓減糖飲食 100%
成功的四個心法

　　做任何事情，首先要樹立正確的觀念，這樣才容易成功，減糖飲食也不例外。作為不同於傳統減肥觀念的新式減肥法，減糖飲食打破了人們對於脂肪的恐懼，並要求將每一餐的糖分攝取進行量化。時刻牢記以下四個心法，將對你大有幫助。

心法 1：記住萬事開頭難，渡過最艱難的前兩周

　　對於習慣了三餐必有碳水化合物類主食的中國人來說，減糖飲食是一種全新的飲食方式。在最初的兩星期務必拿出意志力，嚴格按計劃執行減糖飲食，直至身體逐漸適應。如果不夠堅決，慢慢地降低糖分攝入量，就好比一邊踩油門、一邊踩煞車，不僅無法達到效果，也會讓身體更加難受，在心理上也無法戒除對主食的依賴。

心法 2：接受「高蛋白」和「高脂肪」的飲食新觀念

　　根據減糖飲食的理論，在日常飲食中需要避開的只有糖分，而富含蛋白質的肉類、魚類、海鮮、蛋類、奶製品等，以及富含良性油脂的堅果類，則可以足量攝取，這樣就可保證身體所需的能量和營養成分，在整個減肥期間也不會感到饑餓難耐。必須刻意限制食量，這也是減糖飲食的一大優勢。因此，在開始減糖飲食之前，務必接受「能吃肉、不能吃糖」這一全新的飲食觀念，切勿與其他的減肥飲食理論相混淆。

心法 3：減少外出用餐，將每一餐的含糖量掌控在自己手中

減糖飲食需要持之以恆，一旦將糖分的攝入量降下來，就不能三天兩頭超標，如果經常在外用餐，就很難保證減糖飲食的順利進行。有心要瘦下來，需養成自己做飯的習慣，自己做飯便於靈活掌握材料、調味料、份量，每餐吃了多少糖心裏清清楚楚。對於時間緊迫，很難每天下廚的人，可以按照本書的建議一次做好數天份量的菜品，放入冰箱冷藏，同樣能逐漸養成減糖的飲食習慣。

心法 4：養成飲食習慣，不被暫時的體重影響心情

如果嚴格執行減糖飲食，通常在短時間內便可以迅速地減輕體重，實現瘦身。但是仍然有兩個需要注意的問題：第一，減糖飲食追求的是健康瘦身，一旦體重下降到標準體重，就很難繼續下降了，出於健康考慮，不建議將體重減至標準體重以下；第二，在減量期，可能會由於控制不住對糖分的渴望，而導致體重出現波動，此時千萬不要灰心喪氣，只要把減糖飲食當做一種長期而固定的飲食習慣，瘦身就是早晚的事，而且一般都不會反彈。

食材大搜索！
減糖期間，你可以吃什麼？

　　由於減糖飲食的唯一標準是含糖量，因此有些一直被公認的減肥食物，其實並不適用於減糖飲食法。相反，牛油、沙律醬這類令減肥者談之色變的食物，含糖量其實並不高，需要注意的是，有些蔬菜的含糖量也很高，需謹慎選擇。

能吃的食物

○ 豬肉、牛肉、羊肉、雞肉、鴨肉等
○ 肉類加工品，如火腿、香腸、煙肉等
○ 所有魚類和海鮮
○ 蛋類
○ 豆類及豆製品，如豆腐、豆皮、腐竹、豆乾、無糖豆漿、納豆等
○ 天然牛油，優質好油
○ 非根莖類蔬菜
○ 菌菇類
○ 魔芋製品
○ 海帶、海藻
○ 芝士
○ 堅果類

不能吃的食物

○ 米飯、麵條、意大利粉、麵包、麥片、餃子皮等
○ 零食，尤其是甜點
○ 含有小麥粉的加工食品，如咖喱塊
○ 乾果，如葡萄乾、蔓越莓乾、杏乾等
○ 市售蔬果汁，添加人工甜味劑的飲料

【蔬菜、水果】

　　葉菜類的蔬菜都可以放心選擇，但是根莖類蔬菜碳水化合物含量很高，如各種薯類、南瓜、紅蘿蔔、粟米等，在適應期和減量期最好不吃，維持期可少量食用。在水果中，牛油果和檸檬的含糖量較低。此外要弄清楚，水果的含糖量並非由口感決定，例如山楂、火龍果的含糖量就遠遠高於西瓜。

【調味料】

　　調味料是容易被忽視的「含糖大戶」，如果不注意調味料的選擇，很容易使減糖飲食的效果大打折扣。一般來說，儘量使用鹽、花椒、胡椒、醬油、油類等簡單的調味料，如果喜歡濃郁的口味，可再添加一些香草或香料。絕對不可使用砂糖，此外，番茄醬、甜麵醬、甜味醬料、烤肉醬等各類醬料的含糖量也很高，最好不用。

【酒類】

　　減糖飲食不必戒酒，但是也並非所有酒類都可以飲用，還需仔細區分。蒸餾酒類，如白酒、威士忌、伏特加等以及無糖的發泡酒，紅酒都可以少量飲用。但啤酒、黃酒等釀造酒，梅子酒等水果酒以及甜味雞尾酒則不宜飲用。

使用替代調味品，減糖美味不打折

○ 白糖換成羅漢果代糖、甜菊糖

○ 番茄醬換成純番茄汁或番茄糊

○ 甜麵醬換成減糖甜麵醬

○ 料酒換成紅酒或者蒸餾酒

○ 小麥粉換成黃豆粉、大豆粉、豆渣、米糠

○ 生粉水換成含較多黏液的食材，如秋葵等

自己做飯，
才能嚴格執行減糖飲食

　　減糖飲食要求我們將每餐飯的含糖量都計算出來，很多人會怕麻煩而中途放棄，因為能吃的食物有限，每餐都要慎選食物。針對這種情況，不妨事先準備四至五天份量的菜品，這樣每周只需要做一到兩次飯，就能輕鬆減糖。

好處 1：很晚下班回家，也能遵守減糖飲食

　　對於很多上班族來說，雖然有心執行減糖飲食，但是晚上下班回家已經很晚了，根本沒有時間和精力開火做飯，這時很容易隨便吃一些外賣食物，不知不覺就攝入了過量的糖分，並且因此很有挫敗感。如果冰箱裏有之前做好的減糖常備菜，就完全不用擔心了。將事先做好的減糖菜從冰箱裏拿出來，裝好盤，再用微波爐熱一下，就可以享用一頓美味的減糖飲食了！

好處 2：早上不花時間，只需把做好的菜放進便當盒就好

　　一旦開始執行減糖飲食，每天的午餐就需要自己準備了，而不要吃外賣或者超市的現成食品。其實，製作減糖便當比製作普通便當容易得多，即使是平時沒有每天做飯習慣的人也能輕鬆搞定。因為一次就做好幾天的份量，並不需要每天開火，而且可以一次做好 5~6 種不同的菜品，每天早上搭配着將 2~3 種菜放進便當盒，就可以出門。

好處 3：冰箱常備自製減糖零食，不會因為嘴饞而破戒

肚子餓了又沒到飯點，大部分人都會下意識地找些零食來吃，而選擇的零食往往是市售的甜點、麵包、炸雞、薯條等高糖食品，此時不如從冰箱裏取出事先做好的沙律、滷鵪鶉蛋、減糖甜點等零食，既能滿足口腹之慾，又不用擔心破戒。自己做的零食不含添加劑，吃起來也更安心。

好處 4：想喝點小酒時，隨時取出減糖下酒菜

在執行減糖飲食期間，也能適量飲些白酒、紅酒、威士忌等酒類，配上事先做好的減糖常備下酒菜，便能享受小酌的樂趣。減糖料理不同於一般的減肥餐，會巧妙地搭配肉類、魚類、海鮮、香料，特別適合用來當下酒菜，完全不會感受到來自減肥的壓力和痛苦。

好處 5：菜品靈活搭配，輕鬆維持營養平衡

可以抽周末空閒的時間，一次性做好幾道減糖常備菜，放進冰箱冷藏保存。平時只要拿到餐桌上就有好幾道菜了。另外，準備好一道純肉類或者魚類的菜，每次取出一部分來搭配不同的蔬菜及調味料，就可以變換出多種菜品花樣，還能保證不同營養的攝入。本書也推薦了豐富的副菜菜單，以便你隨意搭配，均衡攝取蛋白質、脂肪、膳食纖維、維他命和礦物質等。

好處 6：一次做好幾份，減少剩菜又省錢

開始減糖飲食之後，你會發現花在食物上的錢越來越少，這也是減糖飲食的意外好處。首先，由於幾乎不會在外用餐，而改為自己買原料烹製食物，日積月累便節約了一大筆開支。其次，肉類、魚類、蔬菜等食物，如果只做一天的份量，很容易有剩菜，而如果買的量少，在價格上又不夠實惠。減糖飲食可以一次做好幾餐的份量，你可以在超市選購實惠的大包裝原材料，並且每餐都不會有剩菜，方便又省錢。

學會這6招，
減糖飲食一點都不難

　　如何才能避免不小心吃進過多的糖分？怎樣才能不用花費太多時間思考和計算，輕鬆保證減糖飲食的營養均衡？哪些好習慣有助於長期堅持減糖飲食？學會一些小技巧，能讓你的減糖飲食進行得更加順利。

一目瞭然的「拼盤計量法」

　　採用減糖瘦身法需要注意兩個問題：第一是每餐飯中的含糖量、蛋白質總量，第二是各種營養素的均衡攝取。針對第一個問題，由於減少了糖分的攝入，因此必須保證攝入足夠的蛋白質以供給身體能量，一個人每天所需的蛋白質，大致可用每1千克體重攝取1.2~1.6克蛋白質來計算，也就是說，體重50千克的人，每天需要攝入60~80克蛋白質。針對第二個問題，在各種營養物質中，除了糖分改用蛋白質和脂肪代替外，其他如膳食纖維、維他命、礦物質仍需要均衡攝取，這些物質大量存在於蔬菜、海藻、菌菇類等食物中。

　　即使明白了以上兩個問題，還是不知道該怎麼吃？有一個很簡單的辦法，就是蛋白質和蔬菜各半的「拼盤計量法」。具體做法為：準備一個較大的盤子（直徑約為26厘米），在盤子的一半區域放滿蛋白質菜品，也就是大約100克的肉類、魚類、海鮮，不想全部吃葷的人可以加入少量蛋類、豆製品；在盤子的另一半區域放滿葉菜類，稍微再加上一點豆類、海藻、菌菇類。這樣的一餐飯，就能同時滿足以上兩個條件。

看起來越豐盛，可能含糖量越低

先看看以下兩份菜單，你認為哪份菜單更有助於減肥？

菜單 1	菜單 2
烏冬麵 1 碗（約 200 克）	剁椒金針菇 1 人份 ▶ P48
涼拌豆芽粉絲 1 碟（約 60 克）	吞拿魚蘆筍沙律 1 人份 ▶ P148
醃沙丁魚 3 小條（約 90 克）	法式蝦仁濃湯 1 人份 ▶ P170
香草魚餅 2 小塊（約 30 克）	低糖炸雞翼 1 人份 ▶ P87

第一份菜單給人的感覺是清淡並且小份，吃起來有利於消化，而且油脂也不多，是大部分人觀念中減肥餐的典範。但如果仔細計算一下這些菜品的含糖量，結果也許會與你的第一感覺完全不一樣，這份套餐雖然熱量很低，只有 542 千卡（2269 千焦），但含糖量卻高達 72.9 克！

第二份菜單可謂大魚大肉，既有香脆誘人的炸雞翼，又有海鮮濃湯、葷食沙律、清口小菜，品種豐富，吃起來大快朵頤。吃得這麼多、這麼好，在減肥期間的你一定會很有負罪感吧？但其實，這份套餐的含糖量只有 31.3 克，還不到第一份套餐的一半。

要想順利地實行減糖飲食，就要徹底改變飲食觀念，清淡、低脂的飲食方式並不是減糖飲食所要遵循的。放下那些想當然的負罪感，開始科學瘦身吧！

記住裝便當的順序，連角落都塞滿

午餐吃自己做的便當，絕對比吃外食或超市食品的含糖量低。在準備便當時，按照下面的順序進行：首先確定蛋白質類食物的量，即先放入肉類、魚類、海鮮、蛋類、豆製品，並記住份量；接着放入比蛋白質份量更多的蔬菜；最後剩下一些小空隙，塞進海帶絲、海藻、菌菇類。這樣就完成了一個減糖便當。

對於大多數人來說，吃生蔬菜會不太

習慣，因此蔬菜可用沸水焯燙一兩分鐘後再放入便當。在焯燙時，往沸水中加少許食用油和鹽，這樣燙出的蔬菜不僅顏色和營養成分被牢牢鎖住，而且略有鹹味，不需要再加調味料也能食用。在便當的空隙中塞入海帶、海藻等食材，不僅能有效利用空間，而且能為身體補充大量膳食纖維和礦物質，有助於營養均衡，提高了便當的營養價值。

　　如果打算帶兩個便當盒，那就更簡單了。只需要在兩個便當盒中分別放入蛋白質和蔬菜就完成了。添加醬料時要特別注意含糖量，可參考本書介紹的自製減糖醬料。

習慣於用堅果和海產品當點心

　　肚子餓或者嘴饞的時候可以吃點心嗎？當然可以，只要按照減糖飲食的原則，選擇含糖量低的零食就行了。最好選擇下列食物：

堅果類	魷魚絲
不同的堅果含糖量也不一樣，但每粒大多在0.1～0.3克之間，堅果的好處是營養豐富，尤其是不飽和脂肪酸含量豐富，因此即使很少的量也能提供飽腹感，同時具有延緩衰老的功效。注意不要挑選鹽分高的調味堅果，最好選擇沒有人工調味的原味堅果。	50克的魷魚絲含糖量僅為0.2克，是幾乎無糖並且富含蛋白質的優質零食。但是同樣要注意不要攝取太多鹽分，最好選擇低鹽魷魚絲。
小魚乾	烤海苔
小魚乾幾乎不含糖分，一大匙小魚乾的含糖量僅為0.1克，同時富含鈣質和其他礦物質。鈣質有緩解壓力、舒緩情緒的作用，非常適合在減肥期間作零食。	10克的烤海苔只有0.5克的含糖量，而且海苔有天然的甘甜滋味，礦物質含量也很豐富，吃起來很有嚼勁，因此食用海苔容易獲得滿足感。注意市售的烤海苔如果加了醬油成分，可能會使其含鹽量大大增加，一次不要吃太多。

　　平時準備好這些低糖零食，隨時帶在身上對抗饑餓感，以免飢不擇食地吃進各種高糖分零食，讓減糖飲食前功盡棄。零食的攝入量以每天50克為宜，不要吃得太多，更不能用來代替正餐。可以準備小一些的容器，提前裝好一天的份量，吃的時候細嚼慢嚥更容易獲得飽腹感。

補充礦物質和 B 族維他命

有些人會發現，即使自己少吃米飯、麵條、麵包等碳水化合物，多吃蛋白質和蔬菜，體重依然降不下來。這其實還是營養不夠均衡導致的，這些人體內往往缺乏維他命和礦物質。脂肪要燃燒，需要 L- 肉鹼，而這種物質在體內的代謝需要維他命和礦物質的協助。所以，即使降低了糖分的攝入量，但體內缺乏鋅、鐵、B 族維他命等營養物質，脂肪依然無法快速燃燒。

如何補充礦物質和 B 族維他命呢？有一個簡單實用的方法是選擇富含礦物質和 B 族維他命的調味料。可選用以下調味料來製作減糖飲食：

紫菜	白芝麻
紫菜的蛋白質比例高達 22%~28%，並還有豐富的維他命 A、B 族維他命，以及鈣、鐵、鎂、碘等礦物質。	白芝麻中的鈣、鎂、鐵、鋅、磷等礦物質的含量是牛奶的 6 倍，此外膳食纖維、維他命、葉酸的含量也很豐富。
黑芝麻	蝦皮
黑芝麻與白芝麻的營養成分類似，其外皮中還有一種叫做花色素苷的多酚類物質，具有抗老化、美容的作用。	蝦皮的鈣含量特別豐富，有助於加快人體的新陳代謝速度，促進脂肪的燃燒，其所含的甲殼素有幫助排毒的功效。
香菇粉	柴魚粉
香菇粉很容易自製，將乾香菇放入攪拌機中，用乾磨功能打成粉即可，作為調味料不僅能為減糖飲食增添鮮味，還能補充鈣質和維他命 D，預防骨質疏鬆。	柴魚粉的蛋白質含量高達 40% 以上，是一種優質蛋白，此外還富含鉀、鈣、鎂、鐵、磷等多種礦物質，味道也十分鮮美。

不喝湯汁可大大減少糖分攝入量

除了湯品之外，其他菜品如炒菜和燉煮菜的湯汁不建議飲用，這樣可以大大減少糖分和鹽分的攝入量，使減糖瘦身的效果更佳。

在外用餐時，
如何執行減糖飲食？

在外用餐存在很多減肥陷阱，比如明明吃起來是鹹味的東西卻含有糖分，就算十分小心地挑選食材，也不可能將調味料的成分弄清楚。記住以下幾個原則，可以減少掉入糖分陷阱的概率。

選擇烹製手法簡單的菜品

一般來說，中式餐館大多會使用生粉水勾芡，無形中增加了菜品的含糖量。日本料理中會大量使用味醂、砂糖、含糖分的酒來調味，也不宜選擇。而意大利料理、法國料理、地中海料理中，有很多適合減糖飲食的選擇，例如採用

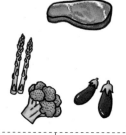

燒烤、碳燒等方式烹製的肉類和魚類。但西餐中的副菜如粟米、馬鈴薯等含糖量很高，儘量不吃或少吃。此外，肉類、魚類、沙律的醬汁成分複雜，最好不要直接淋在食物上，邊吃邊蘸取可以減少醬汁的攝入量。

【中餐廳減糖原則】

先吃菜再吃肉

中餐的單一菜品很難實現肉類與蔬菜各一半的比例，因此需要自己按比例搭配食用。在點餐時，可以從涼菜、炒蔬菜、肉菜的順序開始點，涼菜最好有葉菜類、海帶等，肉類選擇不用甜麵醬、番茄醬等醬料製作的。如果是油炸肉類，要問清楚外面是否裹了麵粉、麵包糠等。在吃菜時，建議先吃菜再吃肉，這樣可以避免因過早吃飽而使蔬菜的攝入量遠遠低於肉類的攝入量。

挑味道勝過挑食材，慎選飲品

由於炒菜有可能在烹調時使用了生粉水、番茄醬、甜麵醬等調味料，因此即使是以蔬菜為主菜，也不可能成為中餐的首選菜品，尤其是口味重的炒菜。而清燉肉湯、原味烤羊排等菜品由於不添加太多調味料，反而是中餐館的減糖首選。此外，不要在用膳時飲用任何含糖飲料以及啤酒，可選擇不甜的紅酒或者白酒。

【西餐廳用餐減糖原則】

選擇清蒸或燒烤的烹飪方式

　　以意大利餐為例，雖然給人一種精緻、易胖的印象，但其實品種很豐富，除了麵包和意大利麵不能點之外，各式肉類或魚類均可盡情享用。最好選擇以清燉或燒烤的方式烹飪的單純菜色，如醃肉、蔬菜肉排、烤蔬菜、燉煮海鮮、蒜味蝦、小肉排、芝士拼盤等。香草烤肉可能添加麵包糠，點餐時需留意。

法式料理慎選醬汁種類

　　在法式餐廳點菜時，使用了奶油麵糊的黑椒汁和白汁最好不要點，米飯、麵包、甜點也不能點。鵝肝醬、法式醬糜、法式烤肉、紅酒燉煮食品、醃漬物、法式蝸牛、生蠔、松露都可以享用。吃全套法國料理時，建議先從蔬菜吃起，因為蔬菜中含有豐富的膳食纖維，可以減緩身體對糖分的吸收。

【日式料理用餐減糖原則】

注意烤、燉煮、照燒的料理醬汁

　　首先吃一些醃漬菠菜、海藻等小菜開胃。烤、燉煮、照燒之類的菜色中，醬汁一般含有大量砂糖和味醂，食用時要多注意。魚類建議點烤魚或生魚片，秋刀魚或魚乾最好選擇鹽烤的。連鎖店的醃菜往往會添加很多甜味劑，要多加留意。

有主菜和附餐的套餐少吃主食

　　如果點了套餐，就只吃主菜、副菜和湯品，少吃白米飯，多吃一點豆製品，如凍豆腐以及葉菜類的小菜和沙律。不宜選擇馬鈴薯沙律、通心粉沙律等含糖量高的沙律。選擇薑絲炒豬肉、鹽烤魚肉、生魚片套餐最好，油炸料理要挑選麵衣薄一點的。

沒時間做飯時，
如何選擇超市食品？

在減糖飲食期間，自己挑選天然食材、自己烹製菜品是最理想的，但總會有沒時間做飯的時候，需要買些能快速食用的超市食品。其實只要仔細檢查好包裝上標明的營養成分，確認含糖量，選擇超市食品也能繼續進行減糖飲食。

養成看營養成分表的習慣

正規的超市食品都會在比較顯眼的位置標出營養成分表，例如某混合堅果的營養成分表如下：

營養成分表	
項目	每 100 克含
熱量	2206 千焦
蛋白質	3.2 克
脂肪	10.6 克
碳水化合物	4.7 克
鈉	11 毫克

想知道食品的含糖量，只需要看營養成分表中的碳水化合物一項即可。所謂的糖分，就是碳水化合物減去膳食纖維之後的成分，膳食纖維的含量本身很少，因此可以將碳水化合物的含量視為含糖量。需要注意的是，營養成分表中一般標注的是 100 克該食物的各成分含量，因此還要看一下每份食物的淨含量。

蛋白質類：首選清蒸，油炸可適量

減糖飲食必須保證蛋白質的攝入量，清蒸的食品是較好的選擇，但像炸雞一類的油炸肉類，注意適量即可。除了肉類和魚類以外，雞蛋或豆製品也可多選擇。

○ 雞腿、鴨腿以及不含澱粉的火腿，挑選沒有太多調味料，可以隨意選用，清爽的口感很適合當下酒菜。

○ 製作過程中沒有添加砂糖的滷蛋、鹹鴨蛋、皮蛋，可以放心食用。

○ 鴨頸、鴨舌、雞胗等可能加了很多含糖分的調味料，可以用熱水浸泡10分鐘之後再食用。

蔬菜、生鮮類：買現成的食品

可以在超市生鮮區購買現成的蔬菜沙律，如果沙律中有雞肉、毛豆、海藻更好。食用時不要將醬料全部擠在食材上，最好一邊吃一邊加。

○ 醃漬的什錦涼菜可以適量享用，但不要加粉絲，同時避免挑選藕片、紅蘿蔔、山藥、南瓜、粟米等製作的醃菜。

○ 可以選擇便利店的水煮牛肉丸、咖喱魚丸，可以搭配醬油或醋，但不要搭配番茄醬、甜辣醬，除此之外，不要選擇烏冬麵、車仔麵等。

○ 吃關東煮或麻辣燙要慎選食材，豆腐、雞蛋、魔芋絲、海鮮、海帶都是不錯的選擇，白蘿蔔吃一塊就好，切記不要喝湯。

零食類：成分越簡單越好

零食類儘量選擇芝士、肉類、海鮮、毛豆、青豆製成的，例如芝士片、牛肉乾、魷魚絲、小魚乾、蒜味青豆，以及堅果、海苔。

○ 富含蛋白質的毛豆、青豆和芝士，很適合當零食食用。芝士的味道濃郁，可增加飽腹感。

○ 牛肉乾、魚乾、魷魚絲也是不錯的方便食品，既能緩解饑餓又能補充大量蛋白質。

○ 選擇混合堅果時，注意裏面是否加入了水果乾，如蔓越莓乾、葡萄乾、藍莓乾等，這些果乾含糖量較高，最好少吃。

罐頭食品：增加飽足感

罐頭食品最好選擇魚類，如吞拿魚罐頭、三文魚罐頭、鳳尾魚罐頭。水煮的罐頭最好，油浸的也可適量食用，但不要選擇茄汁風味的。罐頭午餐肉中一般添加了澱粉，不宜食用太多。

○ 如果想喝湯，在某些超市中也能買到速食湯品，與方便麵類似，加入沸水沖泡幾分鐘即可，雞蛋紫菜湯或豆腐味噌湯都是不錯的選擇。

○ 水果罐頭不宜選擇，因為這些罐頭在製作過程中加入了很多糖分，對減肥不利，不如食用含糖量低的新鮮水果。

減糖飲食 Q&A

Q1 生理期很想吃甜食，怎麼辦？

**不需要刻意忍耐，
選擇低糖甜點就好。**

　　減糖飲食本來就拒絕餓肚子，尤其是在身體較虛弱的生理期，越是忌口忍耐，越容易積累壓力，導致挫敗感甚至中途放棄。本書最後一章介紹了減糖飲食期間也可以食用的甜點，只要適量攝取，完全不用擔心會減肥失敗。

Q2 平時很多應酬，可以進行減糖飲食嗎？

**可以。
平時對各種食物和調味料的含糖量多做功課，在應酬場合選擇自己要吃的菜。**

　　減糖飲食不需要禁酒，因此在應酬場合或親友飯局中也不會顯得尷尬，是可以持之以恆的減肥方法。聚餐或應酬時，如果能夠自己點菜，可以參考本書先前介紹的中餐、西餐、日本料理的減糖點餐原則；如果是別人點菜，可以根據平時掌握的減糖知識慎選自己所要吃的菜。如果場合特殊，實在難以拒絕、非吃不可，那麼乾脆放鬆心情愉快地接受，調整前一餐或下一餐的飲食，或是第二天的飲食就行了。

Q3 什麼情況不能使用減糖飲食法減肥？

生病中或是正在服用某些治療藥物的人，不建議使用減糖飲食法。

　　對於體質尚好的健康人來說，採用減糖飲食法之後，身體經過短暫的適應期便可調整到新的平衡狀態，使脂肪燃燒的速度加快。也就是說，減糖飲食會暫時打破身體原先習慣的平衡狀態，如果在生病期或正在服用治療藥物，以及身體極度虛弱的人，最好先跟醫生討論，再安排如何減肥。尤其是有下列病症或正在服用以下藥物的人，進行減糖飲食前一定要跟醫生討論：胰腺炎、肝硬化、脂質代謝異常、肝腎功能有問題、服用降血糖藥、注射胰島素等。

Q4　減糖飲食期間，連水果都不能吃嗎？

先確認水果的含糖量，再決定是否食用。

　　有些水果營養價值很高，但在減糖飲食期間，尤其是適應期，最好不要食用。在維持期可以少量食用甜度較低的當季水果。例如牛油果、檸檬、藍莓、草莓、西瓜、哈密瓜、桃子、枇杷都是含糖量少的水果。食用前需先確認其含糖量，只要保證每一天攝入的總糖量不超標就行。至於市售的果汁，偶爾喝一次沒關係，不可經常飲用。

Q5　只要控制含糖量，食量大也沒關係嗎？

**是的。
只要嚴格控制好含糖量，大可盡情享用美食。**

　　減糖瘦身法並不是斷食減肥法，而是將身體轉換成優先燃燒脂肪的模式。斷食或過度節食的缺點在於會刺激身體啟動節能機制，從而變成無法燃燒脂肪的體質，長此以往更加容易長胖，這也是為什麼節食減肥法容易反彈的原因。除了正確掌握食物的含糖量和蛋白質，減糖飲食法還強調用餐時細嚼慢嚥，充分刺激產生飽足感的中樞神經。

Q6　一直執行減糖飲食，為什麼體重不降？

很可能是你沒有均衡攝取營養素，或者本身就屬標準體重。

　　減糖飲食作為一種健康減肥法，針對的是體重確實超重的肥胖人群；如果你的體重本來就在標準體重的範疇，甚至比標準體重更輕，那麼即使持續進行減糖飲食，也很難繼續變瘦。如果體重在標準體重以上，但還是瘦不下來，很可能是身體缺乏燃燒脂肪必需的維他命或礦物質，建議調整食譜，多樣化攝取各類低糖食材，尤其是海帶、芝麻、蝦皮、香菇等，保證營養均衡。

常見食物含糖量及熱量表

　　瞭解各種食材的含糖量，是實踐減糖飲食的關鍵所在。通過以下的表格你可能會發現，有些常吃的食物含糖量意外的高，而有些平時不敢碰的食物卻幾乎不含糖分。總之，瞭解得越多，在減肥期間的食譜搭配才越能兼顧美味，達到事半功倍的效果。（1 千焦 =0.239 千卡）=0.239 千卡）

菠菜
1 把（150 克）

含糖量 0.5 克　熱量 105 千焦

小棠菜
3 把（150 克）

含糖量 0.6 克　熱量 75 千焦

椰菜
1 個（1200 克）

含糖量 34.8 克　熱量 979 千焦

白菜
1 棵（1 千克）

含糖量 17.9 克　熱量 553 千焦

紅蘿蔔
1 根（200 克）

含糖量 11.7 克　熱量 280 千焦

番茄
1 個（150 克）

含糖量 5.4 克　熱量 117 千焦

青瓜
1 根（100 克）

含糖量 1.9 克　熱量 59 千焦

青椒
2 條（80 克）

含糖量 2.0 克　熱量 59 千焦

茄子
1 個（80 克）

含糖量 2.3 克　熱量 67 千焦

西蘭花
1 棵（250 克）

含糖量 1.0 克　熱量 172 千焦

白蘿蔔
1 根（1 千克）

含糖量 23.8 克　熱量 640 千焦

馬鈴薯
1 個（150 克）

含糖量 22.0 克　熱量 431 千焦

紫薯
1 個（250 克）

含糖量 65.7 克　熱量 1243 千焦

芋頭
2 個（140 克）

含糖量 12.8 克　熱量 293 千焦

山藥
1 段（200 克）

含糖量 23.2 克　熱量 490 千焦

南瓜
1/4 個（150 克）

含糖量 23.1 克　熱量 515 千焦

牛蒡
1 根（200 克）

含糖量 17.5 克　熱量 490 千焦

洋葱
1 個（200 克）

含糖量 13.5 克　熱量 293 千焦

大葱
1 根（120 克）

含糖量 3.6 克　熱量 84 千焦

豆芽
1/4 袋（50 克）

含糖量 0.6 克　熱量 29 千焦

粟米
1 根（450 克）

含糖量 31.0 克　熱量 866 千焦

豌豆
1 杯（120 克）

含糖量 9.1 克　熱量 469 千焦

毛豆
1 把（50 克）

含糖量 1.0 克　熱量 155 千焦

紅腰豆罐頭
1/4 罐（100 克）

含糖量 14.7 克　熱量 506 千焦

苦瓜
1 根（200 克）

含糖量 2.2 克　熱量 121 千焦

甜椒
1 個（100 克）

含糖量 4.9 克　熱量 109 千焦

萵筍
1 個（400 克）

含糖量 2.1 克　熱量 234 千焦

蘆筍
3 根（90 克）

含糖量 1.5 克　熱量 67 千焦

秋葵
3 根（24 克）

含糖量 0.3 克　熱量 25 千焦

芹菜
1 根（150 克）

含糖量 1.7 克　熱量 63 千焦

芫茜
1 棵（40 克）

含糖量 0.2 克　熱量 21 千焦

魔芋
1 塊（300 克）

含糖量 0.3 克　熱量 63 千焦

魔芋絲
1 小碟（90 克）

含糖量 0.1 克　熱量 21 千焦

香菇
2 個（30 克）

含糖量 0.3 克　熱量 17 千焦

金針菇
1 袋（100 克）

含糖量 2.8 克　熱量 71 千焦

蟹味菇
1 袋（100 克）

含糖量 1.2 克　熱量 67 千焦

秀珍菇
1 把（100 克）

含糖量 1.8 克　熱量 84 千焦

蘑菇
3 個（30 克）

含糖量 0 克　熱量 13 千焦

滑子菇
1 袋（100 克）

含糖量 2.0 克　熱量 67 千焦

海帶
1 塊（10 克）

含糖量 0.1 克　熱量 4 千焦

海藻
10 克

含糖量 0 克　熱量 4 千焦

烤海苔
1 片（3 克）

含糖量 0.2 克　熱量 25 千焦

紫菜(乾)
5 克

含糖量 0.9 克　熱量 50 千焦

蝦皮
1 小把（20 克）

含糖量 0.3 克　熱量 130 千焦

蝦米
1 小把（20 克）

含糖量 0 克　熱量 163 千焦

牛奶
1 杯（200 毫升）

含糖量 9.6 克　熱量 561 千焦

低脂牛奶
1 杯（200 毫升）

含糖量 11.0 克　熱量 385 千焦

酸奶
1 杯（200 毫升）

含糖量 9.8 克　熱量 519 千焦

乳酪
1 杯（200 毫升）

含糖量 24.4 克　熱量 544 千焦

鮮奶油
1 大匙（15 克）

含糖量 0.5 克　熱量 272 千焦

切片芝士
1 片（20 克）

含糖量 0.3 克　熱量 285 千焦

忌廉芝士
100 克

含糖量 2.3 克　熱量 1448 千焦

薄餅用芝士
50 克

含糖量 0.2 克　熱量 770 千焦

馬蘇里拉芝士
1 塊（30 克）

含糖量 0.2 克　熱量 310 千焦

牛油
1 小塊（12 克）

含糖量 0 克　熱量 448 千焦

椰奶
1 杯（200 毫升）

含糖量 5.2 克　熱量 1256 千焦

豆漿
1 杯（200 毫升）

含糖量 5.8 克　熱量 385 千焦

純咖啡
1 杯（100 毫升）

含糖量 0.7 克　熱量 17 千焦

拿鐵咖啡
1 杯（200 毫升）

含糖量 11.7 克　熱量 406 千焦

紅茶
1 杯（100 毫升）

含糖量 0.1 克　熱量 4 千焦

純橙汁
1 杯（200 毫升）

含糖量 21.4 克　熱量 352 千焦

蔬菜汁
1 杯（200 毫升）

含糖量 14.8 克　熱量 268 千焦

運動飲料
1 杯（200 毫升）

含糖量 12.4 克　熱量 209 千焦

可樂
1 杯（200 毫升）

含糖量 22.8 克　熱量 385 千焦

啤酒
1 杯（200 毫升）

含糖量 6.2 克　熱量 335 千焦

紅酒
1 杯（80 毫升）

含糖量 1.2 克　熱量 243 千焦

白酒
1 小瓶（180 毫升）

含糖量 0 克　熱量 1097 千焦

威士忌
1 杯（30 毫升）

含糖量 0 克　熱量 297 千焦

香檳
1 杯（110 毫升）

含糖量 2.2 克　熱量 335 千焦

日式飯糰
1 個

含糖量 38.4 克　熱量 703 千焦

蔬菜三文治
1 個

含糖量 27.0 克　熱量 1080 千焦

甜甜圈
1 個

含糖量 41.6 克　熱量 1586 千焦

炸雞塊
3 塊

含糖量 14.4 克　熱量 774 千焦

炸雞
1 塊

含糖量 16.0 克　熱量 1084 千焦

熱狗腸
1 根

含糖量 3.7 克　熱量 745 千焦

豆沙包
1 個

含糖量 57.7 克　熱量 1373 千焦

菜肉包
1 個

含糖量 35.8 克　熱量 1013 千焦

泡麵
1 碗

含糖量 41.6 克　熱量 1478 千焦

醃菜
1 人份

含糖量 3.3 克　熱量 159 千焦

調味水煮蛋
1 個

含糖量 0.7 克　熱量 276 千焦

粟米沙律
1 人份

含糖量 3.7 克　熱量 234 千焦

烤雞肉串
1 串

含糖量 7.1 克　熱量 410 千焦

涼麵
1 人份

含糖量 68.8 克　熱量 1658 千焦

烏冬麵
1 人份

含糖量 62.4 克　熱量 1771 千焦

豬肉蔬菜飯
1 人份

含糖量 114.4 克　熱量 4161 千焦

芝士漢堡牛排
1 人份

含糖量 30.6 克　熱量 2532 千焦

牛排
1 人份

含糖量 0.6 克　熱量 2168 千焦

炸蝦
2 隻

含糖量 9.8 克　熱量 561 千焦

牛雜湯
1 人份

含糖量 12.6 克　熱量 1457 千焦

芝士焗飯
1 人份

含糖量 82.7 克　熱量 3303 千焦

蛋包飯
1 人份

含糖量 71.4 克　熱量 3834 千焦

肉醬意大利粉
1 人份

含糖量 97.0 克　熱量 3098 千焦

煙肉白醬意大利粉
1 人份

含糖量 70.6 克　熱量 3181 千焦

味噌湯
1 人份

含糖量 3.5 克　熱量 172 千焦

布丁
1 人份

含糖量 27.4 克　熱量 804 千焦

素沙律
1 人份

含糖量 3.9 克　熱量 239 千焦

烤秋刀魚
1 條

含糖量 0.1 克　熱量 1226 千焦

生魚片
1 人份

含糖量 0.5 克　熱量 410 千焦

豬排
1 人份

含糖量 21.5 克　熱量 2428 千焦

煎餃
6 個

含糖量 21.6 克　熱量 1256 千焦

春卷
3 條

含糖量 55.4 克　熱量 1825 千焦

炒麵
1 人份

含糖量 60.6 克　熱量 1963 千焦

炒飯
1 人份

含糖量 103.1 克　熱量 3131 千焦

漢堡包
1 個

含糖量 28.6 克　熱量 1088 千焦

芝士漢堡包
1 個

含糖量 28.4 克　熱量 1298 千焦

薯條
中份

含糖量 48.8 克　熱量 1900 千焦

雞塊
5 塊

含糖量 12.4 克　熱量 1172 千焦

熱狗
1 根

含糖量 29.8 克　熱量 1247 千焦

蘋果批
1 塊

含糖量 25.5 克　熱量 883 千焦

粟米濃湯
1 人份

含糖量 16.9 克　熱量 632 千焦

章魚燒
6 顆

含糖量 32.4 克　熱量 992 千焦

牛肉蓋飯
1 人份

含糖量 92.4 克　熱量 2800 千焦

炸蝦蓋飯
1 人份

含糖量 126.4 克　熱量 3353 千焦

咖喱豬肉蓋飯
1 人份

含糖量 107.9 克　熱量 3127 千焦

可麗餅
1 塊

含糖量 43.8 克　熱量 2369 千焦

薄餅
1 片（約 20 厘米）

含糖量 43.9 克　熱量 1984 千焦

拉麵
1 人份

含糖量 62.5 克　熱量 2051 千焦

白砂糖
1 大匙（9 克）

含糖量 8.9 克　熱量 147 千焦

鹽
1 大匙（15 克）

含糖量 0 克　熱量 0 千焦

黑胡椒
1 大匙（6 克）

含糖量 4.0 克　熱量 92 千焦

醬油
1 大匙（18 毫升）

含糖量 1.8 克　熱量 54 千焦

醋
1 大匙（15 毫升）

含糖量 1.1 克　熱量 29 千焦

味噌
1 大匙（18 克）

含糖量 3.1 克　熱量 147 千焦

沙律醬
1 大匙（14 克）

含糖量 0.6 克　熱量 410 千焦

番茄醬
1 大匙（18 克）

含糖量 4.6 克　熱量 88 千焦

蠔油
1 大匙（18 克）

含糖量 3.3 克　熱量 80 千焦

黃芥末醬
1 大匙（18 克）

含糖量 2.3 克　熱量 172 千焦

蜂蜜
1 大匙（22 克）

含糖量 17.5 克　熱量 272 千焦

楓糖
1 大匙（21 克）

含糖量 13.9 克　熱量 226 千焦

橄欖油
1 大匙（13 毫升）

含糖量 0 克　熱量 502 千焦

麻油
1 大匙（13 毫升）

含糖量 0 克　熱量 502 千焦

亞麻籽油
1 大匙（13 毫升）

含糖量 0 克　熱量 481 千焦

咖喱粉
1 大匙（7 克）

含糖量 1.8 克　熱量 121 千焦

咖喱塊
1 大匙（17 克）

含糖量 6.5 克　熱量 377 千焦

辣椒醬
1 大匙（18 克）

含糖量 0.1 克　熱量 25 千焦

雞精
1 大匙（9 克）

含糖量 4.0 克　熱量 80 千焦

辣椒粉
1 大匙（8 克）

含糖量 1.1 克　熱量 96 千焦

味醂
1 大匙（18 毫升）

含糖量 7.8 克　熱量 180 千焦

醪糟
1 大匙（15 克）

含糖量 0 克　熱量 59 千焦

乾澱粉
1 大匙（15 克）

含糖量 13.2 克　熱量 230 千焦

麵湯
1 大匙（15 毫升）

含糖量 1.3 克　熱量 29 千焦

含糖量小於 5 克，
最常吃的減糖家常菜

本章的菜譜適用於剛開始減糖飲食還在適應期的人，所選的菜品含糖量均在 5 克以下，並且能保證足夠的蛋白質攝入量，同時方便任意搭配組合，幫你快速進入減糖狀態。

水煮雞胸肉沙律

❄ 冷藏保存 4~5 天

材料 🌿
雞胸肉…………… 2 塊
黑芝麻…………… 適量

調味料 🌿
鹽………………… 7 克
香葉……………… 1 片
五香粉…………… 適量

做法 ✗

1 雞胸肉用水洗淨，對切成兩半，撒上一點鹽搓揉入味，放進冰箱冷藏醃製半天以上。

2 將醃好的雞胸肉取出，和香葉一起放入鍋中，加適量水煮熟。

3 取出煮好的雞胸肉，用保鮮膜包起來，在保鮮膜上戳幾個小孔，放入冷水中冷卻 10 ～ 15 分鐘。

4 撕掉保鮮膜，取出雞肉，將其中一半雞胸肉裹上黑芝麻，另一半裹上五香粉，做成兩種口味，放入冰箱冷藏保存，可隨時取用。

彩椒拌菠菜

❄ 冷藏保存 2~3 天

1/2 份

含糖量 **1.2** 克

蛋白質 **0.9** 克

熱　量 **142** 千焦

（34 千卡）

材料 🌿

彩椒⋯⋯⋯⋯⋯半個
菠菜⋯⋯⋯⋯⋯ 400 克
大蒜⋯⋯⋯⋯⋯ 1/2 瓣
白芝麻⋯⋯⋯⋯⋯少許

調味料 🌿

鹽⋯⋯⋯⋯⋯少許
麻油⋯⋯⋯⋯⋯ 2 小匙

做法 🍴

1 菠菜洗淨，切成長段；紅甜椒洗淨，去蒂、籽，切成粗絲；大蒜切成末狀。

2 鍋中加適量清水燒開，放入菠菜焯煮約 2 分鐘，撈出，瀝乾水分。

3 取一個大碗，放入菠菜、彩椒絲、蒜末，攪拌均勻。

4 加入適量鹽、麻油拌勻，撒上白芝麻即可。

五香鵪鶉蛋

❄ 冷藏保存 1 周

材料

鵪鶉蛋…………20 個

調味料

丁香……………5 根
醬油……………2 大匙
辣椒醬…………2 大匙

做法

1　將鵪鶉蛋用清水煮熟,撈出,剝去殼,待用。

2　在鍋中倒入醬油、2/3 杯水、辣椒醬,放入丁香、鵪鶉蛋,加熱至沸騰。

3　將煮好的鵪鶉蛋連同湯汁一起倒入保存容器中冷卻,加蓋後放入冰箱冷藏一晚即可食用。

減糖訣竅

ⓐ 丁香的特點是既具有刺激性香料的芬芳,又具有香草的氣味,就算不加糖也能吃到甜味。

ⓑ 如果喜歡吃口味重一些的滷鵪鶉蛋,還可加入花椒、八角、香葉、桂皮等香料。

ⓒ 鵪鶉蛋浸泡的時間越長越入味,建議做一星期的份量放在冰箱中冷藏,隨吃隨取,作為早餐、零食、沙律配菜等均可。

1 個

含糖量 **0.2** 克

蛋白質 **1.4** 克

熱　量 **176** 千焦

（42 千卡）

雞蛋火腿杯

❄ 冷藏保存 2~3 天

材料 🌿

雞蛋.........................1 個
火腿.........................1 片
葱花.........................少許

調味料 🌿

薄餅用芝士.........5 克
鹽.............................少許
黑胡椒碎.................少許
百里香碎.................少許
橄欖油.................1 小匙

做法 🍴

1 在蛋糕杯內側塗抹一層橄欖油。

2 取一片火腿，放入杯中作為鋪底。

3 在火腿片上撒上薄餅用芝士，再打入一個雞蛋。

4 用烤麵包機或者預熱到 170℃ 的烤箱，烘烤 15 分鐘左右。

5 取出烤好的雞蛋火腿杯，趁熱均勻撒上鹽、黑胡椒碎、葱花、百里香碎即可。

減糖訣竅

a 這道雞蛋火腿杯製作和攜帶都很方便，適宜當早餐和便當菜，為營養加分。

b 用製作甜點的蛋糕杯做這道減糖美食，大小剛剛好，也可以用小陶瓷馬克杯。

c 還可以在這道美味中加入喜歡的蔬菜，例如將菠菜焯好水，在打入雞蛋之前放進蛋糕杯即可。

d 一次可做 5～6 份，備好一周的份量。

1 份

含糖量 **0.5** 克

蛋白質 **10.0** 克

熱　量 **548** 千焦

（131 千卡）

剁椒金針菇

1/4 份	
含糖量 **1.3** 克	
蛋白質 **2.8** 克	
熱　量 **88** 千焦	
（21 千卡）	

材料 🌿

金針菇..............200 克
葱花......................少許

醬汁 🌿

剁椒.....................50 克
蒜末......................少許
醬油..................1 小匙
橄欖油..............1 小匙

做法 🍴

1 將金針菇清洗乾淨，用刀切去根部，再掰散開，擺入盤中。

2 取一個小碗，倒入備好的蒜末、剁椒、醬油和橄欖油，攪拌均勻，調成醬汁。

3 將調好的醬汁均勻淋在金針菇上。

4 蒸鍋中注入適量清水燒開，放入金針菇，大火蒸 5 分鐘。

5 將蒸好的金針菇取出，趁熱撒上少許葱花即可。

醋拌海帶絲

❄ 冷藏保存 3~4 天

材料 🌿

海帶絲.............200 克
青椒........................1 個
蒜末........................少許

調味料 🌿

鹽............................少許
白醋....................1 大匙
陳醋....................1 小匙
醬油....................1 小匙
橄欖油................1 小匙
麻油....................1 小匙

做法 🍴

1　將洗淨的海帶絲切 7~8 厘米長的段；青椒洗淨，切成粗絲。

2　鍋中加入適量清水燒開，加入少許白醋、鹽，倒入海帶絲煮約 2 分鐘至熟。

3　將煮好的海帶絲撈出，盛入碗中。

4　平底鍋中倒入橄欖油燒至微溫，放入蒜末、青椒，炒香；再倒入少許醬油，翻炒均勻。

5　將炒好的青椒倒在海帶絲上，再淋上陳醋、麻油，用筷子拌勻，裝盤即可。

葱爆羊肉

材料 🌿

羊肉	300 克
大蔥	30 克
秋葵	2 個
薑片	適量
蒜末	適量

調味料 🌿

鹽	4 克
醬油	1 小匙
白酒	1 小匙
食用油	適量
高湯	適量

做法 🍴

1. 將秋葵洗淨，去蒂，切成小塊，放入榨汁機中，倒入高湯攪打成糊狀。

2. 洗淨的羊肉切片。洗淨的大蔥切成小段。

3. 將切好的羊肉放入碗中，淋入白酒、適量醬油、鹽，攪拌均勻，醃漬 10 分鐘。

4. 鍋中倒入食用油燒熱，放入大蔥、薑片、蒜末、羊肉，翻炒出香味。

5. 加鹽、醬油，翻炒均勻至食材入味。

6. 倒入秋葵糊，大火炒至湯汁收乾即可。

減糖訣竅

ⓐ 秋葵中有較多黏液成分，攪打成糊後可以代替生粉水，為菜品增加順滑的口感。

ⓑ 這道減糖菜用白酒代替料酒，也可以用威士忌、白蘭地等蒸餾酒，製作出不同的口感。

ⓒ 大蔥和羊肉都是性質溫熱的食材，又加入了白酒調味，這道菜有助於促進身體的新陳代謝。羊肉中還含有分解脂肪必需的左旋肉鹼，對減肥有益。

1/2 份

含糖量 **1.1** 克

蛋白質 **29.4** 克

熱　量 **1339** 千焦
　　　（320 千卡）

牛油果吞拿魚串

❄ 冷藏保存 2~3 天

1/2 份

含糖量 **2.4** 克

蛋白質 **16.1** 克

熱　量 **724** 千焦

（173 千卡）

材料 🌱

吞拿魚·········· 100 克
牛油果·············· 1 個

調味料 🌱

醬油··············· 4 毫升
醋··················· 3 毫升
食用油·············· 適量

做法 🍴

1　將牛油果洗淨，對半切開，挖去核，再將去核的牛油果連皮一起切成小塊。

2　吞拿魚切成與牛油果差不多大的塊，待用。

3　平底鍋中倒入適量食用油燒熱，放入吞拿魚塊，煎至兩面微黃。

4　淋入少許醬油、醋，使吞拿魚均勻入味，盛出待用。

5　將牛油果放入平底鍋中，微微加熱盛出。

6　待吞拿魚和牛油果稍微晾涼後，用竹籤將其間隔着串成串即可。

蒜味煎魚排

❄ 冷藏保存 3~4 天

材料 🌿

三文魚排········ 100 克
大蒜················ 2 瓣

調味料 🌿

橄欖油········· 2 小匙
檸檬汁········· 1 小匙
黑胡椒············· 少許
香草碎············· 少許
鹽····················· 少許

做法 🍴

1　大蒜切成薄片。

2　平底鍋中倒入少許橄欖油，燒至微熱，放入蒜片爆香。

3　將三文魚排放入平底鍋，煎至兩面微黃。

4　撒上少許鹽、黑胡椒、香草碎，滴上檸檬汁調味即可。

酒香牛肉炒青椒

❄ 冷藏保存 5 天

1/4 份

含糖量 **1.6** 克

蛋白質 **15.8** 克

熱　量 **707** 千焦

（169 千卡）

材料 🌿

牛肉…………… 300 克

青椒…………… 30 克

白洋蔥………… 30 克

大蒜…………… 1 瓣

調味料 🌿

鹽………………少許

胡椒粉…………少許

白葡萄酒……15 毫升

醋………………5 毫升

橄欖油………15 毫升

醬油…………10 毫升

做法 🍴

1 牛肉切成片，放入碗中，撒上鹽、胡椒粉，倒入白葡萄酒，攪拌均勻，醃漬 30 分鐘。

2 青椒洗淨，切開，去籽，再切成小塊；白洋蔥切成小塊。大蒜搗成泥。

3 平底鍋中加入橄欖油燒至微溫，倒入蒜泥，爆出香味。

4 放入醃好的牛肉和青椒、白洋蔥，快速翻炒片刻。

5 加入醬油，炒至食材入味，出鍋前淋上少許醋，翻炒均勻即可。

蒸肉末菜卷

❄ 冷藏保存 3~4 天

1/2 份	
含糖量	**0.9** 克
蛋白質	**11.3** 克
熱　量	**569** 千焦
	（136 千卡）

材料 🌿

瘦肉末·········· 100 克
白菜葉·········· 100 克
雞蛋液·········· 30 克
葱花·················· 適量
薑末·················· 適量

調味料 🌿

鹽·················· 4 克
胡椒粉·············· 少許
紅酒·············· 2 小匙
橄欖油·········· 1 小匙

做法 🍴

1 把瘦肉末放入碗中，加入紅酒，撒上薑末、葱花、胡椒粉，加少許鹽，再倒入雞蛋液，淋少許橄欖油，充分拌勻，製成肉餡，待用。

2 鍋中注入適量清水燒開，放入洗淨的白菜葉，焯煮至八分熟後撈出，瀝乾水分。

3 將白菜葉放涼後鋪開，放入適量的肉餡，包好，捲成卷，放在蒸盤中，擺放整齊。

4 蒸鍋中倒入適量清水燒開，放入蒸盤，蓋上鍋蓋，蒸約 8 分鐘，至食材熟透。

5 取出蒸好的菜卷即可。

不用捱餓！
用肉蛋類製作的減糖菜

本章的菜譜適用於適應期之後的減量期，教你如何善用肉類、海鮮、蛋類、豆製品，輕鬆做出份量十足的減糖菜。

肉類中糖與蛋白質的含量

　　肉類可以分為紅肉和白肉，紅肉的脂肪含量比白肉低，因此多選擇紅肉是減肥成功的捷徑。即使是同種類的肉，不同部位的含糖量和蛋白質含量也不一樣，以下為每100克肉的含糖量與蛋白質含量。

牛肉

牛肉屬紅肉，是超低糖食材，每100克牛肉的含糖量小於1克，其中富含豐富的鐵質，還有助於預防貧血。

牛裏脊肉
含糖量0.2克
蛋白質22克

牛腰肉
含糖量0.3克
蛋白質20克

豬腿肉
含糖量0.2克
蛋白質21克

豬裏脊肉
含糖量0.2克
蛋白質19克

豬肉

豬肉的不同部位含糖量在0.1克到0.2克之間，也屬低糖食物。由於豬肉具有促進新陳代謝和恢復疲勞的作用，因此尤其適合運動後食用。

豬肋條肉
含糖量0.1克
蛋白質14克

厚切羊肉
含糖量0.1克
蛋白質18克

羊肉

羊肉不僅含糖量低，而且含有左旋肉鹼，左旋肉鹼是脂肪代謝過程中的一種關鍵的物質，具有促進脂肪燃燒的作用。

羊肋排
含糖量0.1克
蛋白質17克

雞腿肉
含糖量0克
蛋白質17克

雞胸肉
含糖量0克
蛋白質25克

雞肉

雞肉的任何部位幾乎都不含糖，可以放心選擇。此外，雞肉還含有能保持皮膚潤澤的膠原蛋白，以及能迅速恢復疲勞的B族維他命。

雞翼
含糖量0克
蛋白質23克

絞肉

絞肉的含糖量都不高，牛絞肉稍高，但仍低於1克，但烹製絞肉時需要特別注意調味方式，以免增高含糖量。

雞絞肉
含糖量0克
蛋白質21克

豬絞肉
含糖量0克
蛋白質19克

混合絞肉
含糖量0.3克
蛋白質19克

香腸
含糖量3克
蛋白質13克

火腿片
含糖量1.3克
蛋白質17克

加工肉品

加工肉品的含糖量稍高，尤其是香腸，而且這類食品的含鹽量也往往較高，最好不要食用太多。

火腿肉
含糖量0.3克
蛋白質13克

豬肉

韓式生菜包肉片

❄ 冷藏保存 3~4 天

材料 🌿

豬裏脊肉⋯⋯⋯ 150 克
蔥白⋯⋯⋯⋯⋯⋯少許
生菜葉⋯⋯⋯⋯⋯適量

調味料 🌿

味噌⋯⋯⋯⋯⋯⋯ 3 大匙
蒜泥⋯⋯⋯⋯ 1/2 小匙
辣椒油⋯⋯⋯⋯ 1 小匙

做法 ✗

1 豬裏脊肉洗淨，放入燒開的蒸鍋中，蒸至熟透，取出。

2 蔥白洗淨，切成細絲；生菜葉充分洗淨。

3 待豬裏脊肉稍微晾涼後，將其切成薄片。

4 取一小碟，倒入味噌、蒜泥、辣椒油，加少許水，拌成味噌醬汁。

5 食用時，用一片生菜葉包住肉片、蔥絲，蘸上味噌醬汁即可。

── **減糖訣竅** ──

ⓐ 這道菜只有味噌的含糖量稍微高一些，其他食材含糖量非常低，但味噌的含糖量遠低於甜麵醬、韓式辣醬的含糖量，可放心選用。

ⓑ 也可將豬裏脊肉換成牛肉、雞肉，這兩種肉的含糖量同樣很低。

ⓒ 蒜泥和辣椒油有助於加快身體的新陳代謝，可促進體內脂肪的分解。

1/2 份

含糖量 **8.4**克

蛋白質 **15.6**克

熱　量 **1059**千焦

（253千卡）

果醋裏脊肉

❄ 冷藏保存 4~5 天

材料 🌿

豬裏脊肉	400 克
青椒	2 個
紅甜椒	1 個
洋葱	1/8 個
番茄	1/2 個
滑子菇	30 克
蒜末、薑末	各少許

調味料 🌿

鹽	4 克
食用油	適量
醬油、蘋果醋	各 2 大匙
雞湯、麻油	各適量

做法 🍴

1 豬裏脊肉切成小塊；青椒、紅甜椒去蒂、籽，切成小塊；洋葱切成青椒塊一樣大小。

2 番茄切成小塊，和滑子菇一起放入榨汁機中，加少許雞湯，攪打成番茄滑菇醬。

3 鍋中倒入少許食用油燒熱，放入薑末、蒜末爆香，再放入豬肉塊炒勻。

4 加入青椒、紅甜椒、洋葱繼續翻炒，倒入醬油、蘋果醋、番茄滑菇醬、麻油、少許雞湯，燜煮片刻。

5 大火收汁，加入少許鹽調味即可。

山西餡肉

❄ 冷藏保存 4~5 天

1/4 份

含糖量 **0.2** 克

蛋白質 **18.1** 克

熱　量 **1892** 千焦

（452 千卡）

 **材料**

五花肉	400 克
蒜末	2 克
薑片	2 克
葱段	2 克
八角	適量
芫茜	適量

調味料

鹽	2 克
醬油	1 小匙
醋	1/2 小匙
麻油	1 小匙
白酒	1 小匙

做法

1　鍋中注入適量的清水燒開，倒入五花肉，再放入八角、葱段、薑片、白酒和鹽，用小火燜製 40 分鐘至其熟爛。

2　待時間到，將五花肉撈出，裝入盤中，放涼備用。

3　取一個小碗，倒入蒜末，淋入醬油、醋、麻油，攪拌均勻製成醬汁。

4　將放涼的五花肉切成均勻的薄片，圍着盤子呈花型擺放。

5　將製好的醬汁澆在肉上，撒上芫茜即可。

烤豬肋排

❄ 冷藏保存 3~4 天

<table>
<tr><td>1/2 份</td></tr>
<tr><td>含糖量 9.0 克</td></tr>
<tr><td>蛋白質 15.9 克</td></tr>
<tr><td>熱　量 1641 千焦
（392 千卡）</td></tr>
</table>

材料 🌿

豬肋排	300 克
白洋蔥	30 克
蒜末	5 克
迷迭香	適量
紫椰菜	適量
聖女果（小番茄）	1 個
椰菜	適量

調味料 🌿

鹽	2 克
醬油	1 小匙
辣椒粉	適量
黑胡椒	適量

做法 🍴

1 豬肋排斜刀劃上網格花刀；白洋蔥切粒；迷迭香切成小段。

2 取一個大盤，放入洋蔥粒、黑胡椒、蒜末、辣椒粉、迷迭香、鹽和醬油，製成醃肉汁。

3 放入豬肋排，均勻地將兩面塗上醃料，醃製 2 小時至入味。

4 將錫紙鋪在烤盤上，放上醃豬肋排，再把烤盤放入烤箱中，將上下火溫度調至 180℃，定時烤 40 分鐘。

5 取出豬肋排裝盤，淋上醃肉汁，擺上聖女果、紫椰菜、椰菜、迷迭香即可。

薑燒豬肉片

❄ 冷藏保存 4~5 天

1/4 份	
含糖量	**7.0** 克
蛋白質	**14.5** 克
熱　量	**603** 千焦
	（144 千卡）

材料 🌿

豬肉‥‥‥‥‥‥250 克
生薑‥‥‥‥‥‥10 克
滑子菇‥‥‥‥‥100 克

調味料 🌿

食用油‥‥‥‥‥‥適量
醬油‥‥‥‥‥‥3 大匙
雞湯‥‥‥‥‥‥1/4 杯

做法 🍴

1 生薑搗成泥；豬肉切薄片，放入碗中，加入醬油、生薑泥，拌勻，醃製 10 分鐘。

2 將滑子菇、雞湯倒入攪拌機，攪打成滑菇醬。

3 平底鍋中倒入食用油燒熱，放入醃好的豬肉片，炒 1 分鐘盛出。

4 將醃肉的醬汁、滑菇醬倒入鍋中，炒至黏稠後，再放入肉片繼續炒至熟透即可。

青瓜炒肉片

材料 🌿

豬瘦肉	150 克
青瓜	100 克
滑子菇	25 克
蒜末	適量

調味料 🌿

鹽	4 克
橄欖油	適量
高湯	適量

做法 🍴

1 洗淨的青瓜去除頭尾後切片。

2 將洗淨的滑子菇放入榨汁機中，倒入高湯，攪打成滑菇醬。

3 洗淨的瘦肉切成片，裝入盤中，加鹽、橄欖油和少許滑菇醬，拌勻後醃製片刻。

4 熱鍋中倒入食用油，燒至四成熱，倒入肉片，滑油片刻撈出。

5 鍋底留油，倒入蒜末，煸香；倒入青瓜片，炒香；倒入肉片，加鹽，拌炒均勻。

6 最後倒入剩下的滑菇醬，炒至湯汁收乾，盛出裝盤即可。

減糖訣竅

ⓐ 如果想製作簡單方便的炒菜，但不能用生粉水和雞精調味時，可以將滑子菇與高湯一起攪打成滑菇醬，替代生粉水和雞精。

ⓑ 青瓜含有一種叫丙醇二酸的物質，這種物質可以抑制糖類轉化為脂肪，這樣攝入的糖類就沒有機會變成脂肪堆積起來。

ⓒ 喜歡吃辣的人還可以加些辣椒粉或辣椒油，更有助於加速脂肪的代謝。

1/4 份

含糖量 **1.3** 克

蛋白質 **7.1** 克

熱　量 **758** 千焦

（181 千卡）

牛肉

迷迭香烤牛肉

❄ 冷藏保存 3 天

材料 🌿

牛肉··········· 800 克
白蘭地········ 30 毫升
迷迭香············· 適量

調味料 🌿

鹽·················· 3 克
黑胡椒粉······· 1 小匙
橄欖油·········· 1 大匙

做法 🍴

1 將牛肉洗淨，放入碗中，加鹽、黑胡椒粉、橄欖油、白蘭地、迷迭香醃製 2 小時至入味。

2 取錫紙將醃製好的牛肉包裹起來。

3 烤箱預熱至 180℃，把錫紙包裹的牛肉放入烤箱，烤 25 分鐘至熟。

4 將牛肉取出，稍微放涼後切成 1 厘米厚的塊狀。

5 將牛肉塊裝入盤中，再澆上錫紙中的醬汁，點綴上迷迭香即可。

減糖訣竅

ⓐ 白蘭地可以代替料酒的作用，能去除肉中的腥味，並且讓肉更易熟，而且它的味道比料酒更香醇，使烤出來的牛肉別具風味。

ⓑ 牛肉烤好之後可以分成 4 份裝入小一些的保鮮袋中，再放入冰箱冷藏，每次取出一份食用即可，避免反覆解凍，可延長保鮮期。

1/4 份

含糖量 **0.6** 克

蛋白質 **40.4** 克

熱　量 **1624** 千焦

（388 千卡）

牛肉豆腐煲

※ 冷藏保存 3~4 天

1/4 份

含糖量 **2.2** 克

蛋白質 **14.8** 克

熱　量 **678** 千焦

（162 千卡）

材料 🌱

肥牛片………… 200 克
老豆腐………… 300 克
蔥………………… 適量

調味料 🌱

麻油…………… 1 小匙
醬油…………… 2 大匙
高湯…………… 3/4 杯

做法 🍴

1　老豆腐洗淨，切成塊約 3 厘米；蔥洗淨，切成段。

2　鍋中倒入少許麻油燒熱，放入肥牛片，快炒片刻。

3　加入醬油、高湯，大火燒開後轉小火熬煮約 20 分鐘。

4　放入豆腐塊，翻炒均勻，繼續煮至豆腐入味，出鍋前撒上蔥即可。

芝麻沙律醬涮牛肉

❄ 冷藏保存 3 天

1/4 份

含糖量	**2.1** 克
蛋白質	**9.4** 克
熱　量	**657** 千焦
	（157 千卡）

材料

肥牛片·········· 150 克
白菜葉·········· 3 片
苦菊·········· 1 小把

調味料

沙律醬·········· 2 大匙
芝麻醬·········· 1 大匙
醬油·········· 1 小匙

做法

1　苦菊洗淨，切成小段；白菜葉洗淨，切成粗絲。

2　鍋中加入適量清水煮沸，放入白菜葉絲燙煮至熟，撈出，瀝乾水分。

3　再將肥牛片放入沸水鍋中涮熟，撈出瀝乾。

4　將苦菊、白菜、牛肉片裝盤。

5　取一小碗，倒入沙律醬、芝麻醬、醬油，加少許水調勻成醬汁，吃之前淋在食材上即可。

五香牛肉

1/4 份

含糖量 **0.9** 克

蛋白質 **41.2** 克

熱　量 **1641** 千焦

（392 千卡）

材料 🌿

牛肉…………800 克
花椒、茴香…各 5 克
草果、八角…各 2 個
香葉……………1 片
桂皮……………2 片
指天椒…………5 克
葱段、薑片……適量
芫茜……………適量

調味料 🌿

白蘭地…………1 小匙
老抽……………1 小匙
生抽……………2 大匙

做法 🍴

1 洗淨的牛肉裝入碗中，再放入花椒、茴香、香葉、桂皮、草果、八角、薑片、指天椒，倒入白蘭地、老抽、生抽，將所有材料攪拌均勻。

2 用保鮮膜密封碗口，放入冰箱保鮮 24 小時至牛肉醃製入味。

3 取出醃製好的牛肉，與碗中醬汁一同倒入砂鍋，再注入適量清水，放入葱段，煮至牛肉熟軟，取出牛肉切片，鍋內滷汁留着備用。

4 將牛肉片裝入盤中，澆上少許滷汁，點綴上芫茜即可。

牛肉芫茜沙律

❄ 冷藏保存 3~4 天

1/2 份

含糖量 **5.6** 克

蛋白質 **23** 克

熱　量 **1486** 千焦

（355 千卡）

材料 🌱

牛肉·············· 200 克

芫茜·················· 1 把

青瓜·················· 1 根

櫻桃蘿蔔·········· 4 個

黑芝麻··············少許

白芝麻··············少許

調味料 🌱

魚露··········· 1/2 小匙

橄欖油··········· 2 小匙

辣椒油········ 1/2 小匙

鹽·················少許

做法 🍴

1 牛肉切成薄片；芫茜切成段；青瓜、櫻桃蘿蔔切成半圓形薄片。

2 在牛肉片上均勻地撒上黑芝麻、白芝麻，放入預熱 170℃ 的烤箱中烤 20 分鐘，取出。

3 將烤好的牛肉和芫茜、青瓜、櫻桃蘿蔔一起擺在盤中。

4 在碗中倒入魚露、橄欖油、辣椒油、鹽，調成醬汁，食用前淋上即可。

牛肉炒海帶絲

❄ 冷藏保存 4~5 天

材料 🥬

牛肉………… 150 克
海帶絲……… 300 克
紅甜椒……… 1/2 個
小棠菜……… 2 棵
香菇………… 4 朵
蒜泥……… 1/2 小匙
白芝麻………… 適量

調味料 🥬

醬油………… 1 大匙
麻油………… 2 小匙

做法 🍴

1 牛肉切成條；紅甜椒切粗絲；香菇切薄片。

2 在平底鍋中倒入 1 小匙麻油燒熱，放入牛肉條快炒，加少許醬油翻炒調味，盛出。

3 再用平底鍋加熱 1 小匙麻油，放入小棠菜、紅甜椒、香菇快炒，接着放入海帶絲繼續翻炒。

4 放入牛肉，加入蒜泥、剩下的醬油，炒至食材入味，出鍋前撒上白芝麻即可。

減糖訣竅

a 海帶絲也可換成魔芋絲。魔芋絲不同於粉絲或粉條，它的主要成分是膳食纖維而非碳水化合物；因此含糖量非常低，其膳食纖維還有增強飽腹感的作用。

b 這道菜做好後放幾個小時吃更加美味，可以前一天晚上做好，第二天當做便當菜。

c 紅甜椒、小棠菜、香菇可以換成自己喜歡的低糖蔬菜和菌菇類食材。

1/4 份

含糖量 **3.9** 克

蛋白質 **9.8** 克

熱　量 **569** 千焦

（136 千卡）

香草烤羊排

❄ 冷藏保存 2~3 天

材料 🌱

羊排············· 180 克
滑子菇··········25 克
薄荷葉···········適量
迷迭香碎··········適量

調味料 🌱

醬油·············· 1 小匙
橄欖油···········適量
白蘭地···········適量
高湯·············適量
無糖烤肉醬·······適量

做法 🍴

1. 取榨汁機，倒入滑子菇和高湯，攪打成滑菇醬。

2. 處理好的羊排放入碗中，淋入少許橄欖油、白蘭地、醬油，加入少許迷迭香碎和滑菇醬，用手抓勻，醃製半個小時。

3. 平底鍋中加入橄欖油燒熱，放入醃製好的羊排，煎出香味。

4. 待其表面呈焦黃時翻面，將兩面煎好，關火。

5. 取一個盤子，用無糖烤肉醬做好裝飾，將煎好的羊排盛出裝入盤中。

6. 最後點綴上薄荷葉和迷迭香碎即可。

═ 減糖訣竅 ═

a 無糖烤肉醬可以購買市售的，也可以參考本書第四章中介紹的方法自己製作。

b 羊肉有一些腥羶味，可以添加香草、白蘭地等來調和去味。

c 醃製的時間可以自己掌握，時間長更入味。

1/2 份

含糖量 **0.8** 克

蛋白質 **20.4** 克

熱　量 **1105** 千焦

（264 千卡）

咖喱羊肉炒茄子

❄ 冷藏保存 4~5 天

材料 🌿

羊肉…………… 350 克

茄子………………… 1 個

番茄………………1/2 個

芫茜………………… 1 小把

調味料 🌿

咖喱粉………… 2 小匙

橄欖油………… 1 大匙

鹽………………… 少許

做法 🍴

1 羊肉切成厚片，放入碗中，撒上少許鹽、咖喱粉，拌勻，醃製片刻。

2 茄子洗淨，連皮一起切滾刀塊；芫茜洗淨，切成小段。

3 番茄洗淨，切碎，再用刀背按壓成泥。

4 平底鍋中倒入橄欖油燒熱，放入醃好的羊肉快炒片刻，再放入茄子一起炒。

5 加入番茄泥一起熬煮，再加鹽調味，最後撒上芫茜即可。

風味鮮菇羊肉

❄ 冷藏保存 4~5 天

1/4 份

含糖量 **3.1** 克

蛋白質 **19** 克

熱 量 **1017** 千焦

（243 千卡）

材料 🌱

羊肉	350 克
蟹味菇	300 克
大蒜	1 瓣
歐芹	1 小把
番茄	1 個

調味料 🌱

高湯	1 杯
鹽	適量
辣椒粉	2 小匙
橄欖油	1 大匙

做法 🍴

1 羊肉切成薄片，放入碗中，加入鹽、辣椒粉，拌勻，醃製片刻。

2 大蒜和歐芹分別切碎；蟹味菇洗淨、分開。

3 番茄切成小塊，放入榨汁機，加入高湯攪打成糊。

4 平底鍋中倒入橄欖油燒熱，放入大蒜爆香，再放入羊肉炒至變色。

5 放入蟹味菇繼續翻炒，加入番茄糊，熬煮片刻，加入少許鹽調味，撒上歐芹碎即可。

紅酒番茄燴羊肉

材料 🌿

羊元寶肉 ······· 450 克
（羊霖肉）
番茄 ············· 130 克
洋蔥 ············· 90 克
滑子菇 ··········· 25 克
薑塊 ············· 25 克
蒜芯 ············· 35 克

調味料 🌿

紅酒 ··········· 300 毫升
鹽 ················· 4 克
黑胡椒 ··········· 1 小匙
醬油 ············· 1 小匙
橄欖油 ··········· 1 小匙
高湯 ············· 適量

做法 🍴

1. 滑子菇放入榨汁機中，倒入高湯，攪打成滑菇醬。

2. 羊肉切塊；番茄、洋蔥切塊；蒜芯切成丁；薑切成片。

3. 熱鍋注水煮沸，放入羊肉，煮 2 分鐘至變熟，撈起，放入盤中用涼水洗淨。

4. 炒鍋中注入橄欖油燒熱，放入薑片爆香；放入羊肉炒香，倒入醬油，炒勻；注入紅酒，燜煮 8 分鐘。

5. 放入鹽、黑胡椒，翻炒均勻；放入洋蔥、番茄炒勻，再注入適量清水，燉煮片刻。

6. 注入備好的滑菇醬，再放入蒜芯，煮至湯汁濃稠即可。

減糖訣竅

這道菜利用含糖量很低的紅酒，與天然增香蔬菜搭配，不用太多調味料就能獲得層次豐富的口感，如增添滑嫩感的滑子菇、增添辛辣味的蒜芯、增添酸味的番茄。這種搭配方法也是烹製減糖飲食的秘訣之一，可避免使用過多調味料。

1/4 份

含糖量 **5.6** 克

蛋白質 **23.7** 克

熱　量 **1398** 千焦

（334 千卡）

金針菇炒羊肉片

❄ 冷藏保存 2~3 天

材料 🌱

羊肉片·········· 120 克
金針菇·········· 180 克
乾辣椒··········30 克
薑片··············少許
蒜片··············少許
蔥段··············少許
芫茜段············少許

調味料 🌱

白酒·············· 1 小匙
醬油·············· 2 小匙
老抽··········1/2 小匙
蠔油·············· 1 小匙
鹽················ 4 克
白胡椒粉··········適量
橄欖油·········· 1 小匙

做法 🍴

1 洗淨的金針菇切去根部。

2 洗淨的羊肉片裝入碗中，淋入適量白酒、醬油、鹽、白胡椒粉，拌勻，醃製片刻。

3 鍋中注入清水大火燒開，倒入金針菇，攪勻，汆煮至剛熟，撈出後瀝乾水分。

4 再倒入羊肉片，攪勻，汆煮去雜質，撈出後瀝乾水分。

5 炒鍋中注入適量橄欖油燒熱，倒入薑片、蒜片、蔥段，爆香；倒入乾辣椒、羊肉片，快速翻炒勻；放入白酒、醬油、老抽、蠔油，翻炒均勻。

6 倒入金針菇，翻炒片刻；加入鹽，翻炒調味；放入芫茜段，翻炒出香味；關火後盛出裝入盤中即可。

減糖訣竅

ⓐ 白酒的含糖量比料酒低，可以代替料酒為羊肉去除腥羶味，並使羊肉的纖維更容易熟爛。

ⓑ 羊肉與白胡椒的味道比較搭配，而不要選用黑胡椒。

ⓒ 金針菇富含膳食纖維，能夠促進腸道蠕動，很適合與肉類配搭食用。

1/3 份

含糖量	**3.8** 克
蛋白質	**10.5** 克
熱　量	**728** 千焦
	（174 千卡）

雞肉

雞肉蝦仁鵪鶉蛋沙律

❄ 冷藏保存 2 天

材料 🌿

雞胸肉·········· 150 克
蝦仁················· 10 隻
鵪鶉蛋·············· 8 個
西蘭花·········· 1/3 棵
苦菊·············· 1 小把

調味料 🌿

沙律醬·········· 2 大匙
檸檬汁·········· 1 小匙
鹽、辣椒粉···· 各少許

做法 🍴

1 雞胸肉洗淨,放入燒開的蒸鍋中,蒸熟後取出晾涼,撕成條狀。

2 苦菊切成段,西蘭花切成小朵,然後將兩種菜下入沸水中,加少許鹽,焯燙至熟,撈出瀝乾。

3 用鍋中的水將蝦仁、鵪鶉蛋分別煮熟,將蝦仁撈出過一遍涼水,鵪鶉蛋晾涼後剝去殼。

4 取一個沙律碗,放入雞胸肉、蝦仁、鵪鶉蛋、西蘭花、苦菊,加入沙律醬、檸檬汁、鹽、辣椒粉,攪拌均勻,裝盤即可。

減糖訣竅

ⓐ 沙律醬的含糖量很少,可以放心食用。

ⓑ 製作這道沙律可以任意選擇喜歡的蔬菜。

ⓒ 雞胸肉和鵪鶉蛋能提供足夠的蛋白質。

ⓓ 可以將鵪鶉蛋對半切開,這樣更入味,但保存的時間會相應縮短。

1/2 份

含糖量	**2.1**	克
蛋白質	**30.8**	克
熱　量	**1231**	千焦
	（294 千卡）	

海蜇青瓜拌雞絲

❄ 冷藏保存 2~3 天

1/3 份

含糖量 **4.4** 克

蛋白質 **10.6** 克

熱　量 **360** 千焦

（86 千卡）

材料 🌱

雞胸肉	110 克
青瓜	180 克
海蜇絲	220 克
蒜末	少許
芫茜	適量

調味料 🌱

鹽	2 克
醋	1 小匙
醬油	1 小匙
橄欖油	1 小匙

做法 🍴

1　雞胸肉用清水煮熟，晾涼後撕成絲。

2　洗淨青瓜，切成絲，擺盤整齊，待用。

3　熱水鍋中倒入洗淨的海蜇，汆煮一會兒去除雜質，待熟後撈出汆好的海蜇，瀝乾水分。

4　取一個大碗，倒入汆好的海蜇，放入雞肉絲，倒入蒜末，加入鹽、醋、橄欖油，用筷子將食材充分地拌勻。

5　青瓜絲上淋入醬油，再將拌好的雞絲海蜇倒在青瓜絲上，點綴上芫茜即可。

低糖炸雞翼

❄ 冷藏保存 4~5 天

1/2 份

含糖量 **0.6** 克

蛋白質 **31.7** 克

熱　量 **1712** 千焦

（409 千卡）

材料 🌿

雞中翼	250 克
雞蛋液	30 克
黃豆粉	50 克
芫茜	適量

調味料 🌿

鹽	2 克
胡椒粉	1/2 小匙
五香粉	1/2 小匙
醬油	1 小匙
食用油	適量

做法 ✗

1. 洗淨的雞中翼兩面切上一字花刀，以方便入味。

2. 往雞中翼上撒鹽、胡椒粉、五香粉，淋上醬油，充分拌勻入味，醃製半小時。

3. 醃製好的雞中翼淋上打散的雞蛋液，倒入黃豆粉，用筷子充分拌勻，使得食材全部沾上黃豆粉，待用。

4. 熱鍋注入適量油，燒至七成熱，放上雞中翼，油炸至金黃色。

5. 將炸好的雞中翼撈出，盛入備好的盤中，點綴上芫茜即可。

酒香杏鮑菇燉雞腿

❄ 冷藏保存 4~5 天

材料 🥄

雞腿	2 隻
杏鮑菇	100 克
滑子菇	50 克
大蒜	1 瓣
乾辣椒	1 根
迷迭香	1 根

調味料 🌿

白葡萄酒	4 大匙
橄欖油	1 大匙
醋	2 大匙
雞湯	1 杯
鹽、胡椒粉	少許

做法 🍴

1. 雞腿切成小塊，放入碗中，加鹽、胡椒，拌勻，醃製片刻。

2. 杏鮑菇切塊；大蒜切末。

3. 滑子菇放入攪拌機，加入雞湯一起攪打成醬。

4. 平底鍋中倒入橄欖油燒熱，放入雞肉兩面煎熟，待雞肉煎出油脂後，放入大蒜末、乾辣椒、迷迭香爆香。

5. 放入杏鮑菇炒至柔軟，加醋調味，倒入白葡萄酒熬煮片刻。

6. 待酒精成分揮發後，倒入滑菇醬，繼續熬煮至湯汁收乾即可。

減糖訣竅

ⓐ 用滑子菇醬代替生粉水，大大降低了這道菜的含糖量，卻不失嫩滑濃稠的口感，是烹製減糖飲食的絕佳方法。

ⓑ 雞肉本身含有油脂，因此煎雞肉時不用放太多油。

ⓒ 如果沒有白葡萄酒，也可以用白酒代替，但用量要稍微少一些。

1/4 份

含糖量 **1.8** 克

蛋白質 **22** 克

熱　量 **1277** 千焦

（305 千卡）

魔芋泡椒雞

材料

雞胸肉………120 克
魔芋…………300 克
泡指天椒圈……30 克
薑絲……………少許
芫茜……………少許

調味料

鹽………………2 克
白胡椒粉………4 克
辣椒油…………1 小匙
醬油……………1 小匙
蠔油……………少許
橄欖油…………1 小匙

做法

1 洗好的雞胸肉切成丁，裝入碗中，加入鹽、白胡椒粉和橄欖油，用筷子攪拌均勻，醃製 10 分鐘。

2 將魔芋切成塊，另取一碗裝好，倒入清水，浸泡 10 分鐘，撈出裝盤待用。

3 用油起鍋，依次倒入雞肉、薑絲、泡指天椒圈、魔芋塊，炒勻。

4 加入醬油，再注入適量清水，拌勻，中火燜 2 分鐘至食材熟軟。

5 加入蠔油炒勻，倒入辣椒油，翻炒約 3 分鐘至入味。

6 關火後盛出炒好的菜肴，裝入盤中，點綴上芫茜即可。

減糖訣竅

魔芋是低糖、低熱量的優質減肥食品，能為身體提供大量膳食纖維，使人迅速獲得飽腹感。但需要注意，魔芋幾乎不含蛋白質，在減糖飲食期間如果選擇魔芋，務必配搭含蛋白質的食物一起食用。

1/2 份

含糖量 **1.1** 克

蛋白質 **15.6** 克

熱　量 **477** 千焦

（114 千卡）

絞肉

味噌葱香肉丸

❄ 冷藏保存 4~5 天

材料 🥄

雞絞肉·········· 600 克
嫩青葱碎······· 4 大匙
生薑泥·········· 1 小匙

調味料 🥄

鹽·················· 1 小匙
味噌·············· 3 大匙
羅漢果代糖···· 1 大匙
辣椒粉············ 少許
食用油············ 適量

做法 🍴

1 取一個小碗，放入味噌、羅漢果代糖、辣椒粉，再加入 2 小匙清水，攪拌均勻成醬汁。

2 另取一個大碗，放入雞絞肉、嫩青葱碎、生薑泥、鹽、1/2 杯水，充分攪拌均勻。

3 將拌好的肉泥捏成丸子。

4 平底鍋中倒入食用油燒熱，放入丸子，兩面煎熟。

5 加入事先調好的醬汁，熬煮至丸子入味即可。

─── 減糖訣竅 ───

(a) 羅漢果代糖具有甜味，但是不含糖分，是非常好的白砂糖替代品，也可以用甜菊糖來代替，使這道肉丸甜辣交錯，別具一格。

(b) 如果不喜歡吃甜味的丸子，可以加入少許醬油。

1/4 份

含糖量 **5.8** 克

蛋白質 **33.2** 克

熱　量 **1277** 千焦

（305 千卡）

番茄奶油肉丸

❄ 冷藏保存 4~5 天

材料 🌿

綜合絞肉⋯⋯⋯ 500 克

番茄⋯⋯⋯⋯⋯⋯ 1 個

生薑⋯⋯⋯⋯⋯⋯ 10 克

大蒜⋯⋯⋯⋯⋯⋯ 2 瓣

香葉⋯⋯⋯⋯⋯⋯ 2 片

芫茜⋯⋯⋯⋯⋯⋯ 少許

調味料 🌿

鹽⋯⋯⋯⋯⋯⋯⋯ 適量

黑胡椒⋯⋯⋯⋯⋯ 適量

橄欖油⋯⋯⋯⋯ 1 大匙

鮮奶油⋯⋯⋯⋯ 1/4 杯

芝士粉⋯⋯⋯⋯⋯ 適量

做法 🍴

1 生薑、大蒜切末；番茄切成碎；芫茜切碎。

2 絞肉加 1 小匙鹽拌勻，再加薑末、黑胡椒、半杯清水，沿着一個方向攪拌，使肉上勁，然後捏成肉丸的形狀。

3 在平底鍋中倒入橄欖油燒熱，放入肉丸，用筷子輕輕翻轉，直至肉丸煎熟，盛出。

4 用鍋中剩餘的油爆香蒜末、香葉，再將肉丸倒回鍋中，加入番茄碎，熬煮 1 分鐘後，再加入鮮奶油熬煮；最後加入鹽、黑胡椒調味，撒上芝士粉、芫茜碎即可。

青菜捲雞肉鬆

❄ 冷藏保存 4~5 天

1/6 份

含糖量 **9.3** 克

蛋白質 **13** 克

熱　量 **640** 千焦

（153 千卡）

材料

雞絞肉··········400 克
生薑··················5 克
青菜葉··············適量
洋葱···········1/4 個
葱花··················少許

調味料

醬油··············2 大匙
剁椒············1 小匙
鹽······················少許

做法

1 生薑切成末；洋葱切成絲。

2 將平底鍋燒熱，倒入雞肉鬆，小火慢炒，再加入生薑末、醬油、剁椒、鹽繼續翻炒。

3 待雞肉鬆變成顆粒狀後，撒上洋葱和少許葱花略炒一下，即可起鍋。

4 用洗淨的青菜葉包裹炒好的雞肉鬆即可食用。

肉餡釀香菇

❄ 冷藏保存 2~3 天

材料 🌱

絞肉	90 克
香菇	100 克
葱花	少許
薑末	少許
指天椒圈	少許

調味料 🌱

鹽	1 克
胡椒粉	1 克
醬油	1 小匙

做法 🍴

1. 取一個碗，放入絞肉，倒入葱花、薑末，加入醬油、鹽、胡椒粉，拌勻，醃製 10 分鐘至入味。

2. 洗淨的香菇上放入適量醃好的絞肉，再放上指天椒圈，製成肉餡釀香菇生坯。

3. 取出烤盤，用 230℃ 預熱烤箱，放入生坯，將烤盤放入烤箱。

4. 將上下火溫度調至 200℃，烤 20 分鐘至食材熟透。

5. 待時間到，取出烤盤，將烤好的肉餡釀香菇裝盤即可。

減糖訣竅

ⓐ 這道菜可以任意換成牛肉餡、豬肉餡，味道都十分不錯。

ⓑ 如果家裏沒有烤箱，也可以將製好的香菇生坯放入蒸鍋內蒸熟。

ⓒ 這道菜適合做便當菜，可以一次多做一些，每次往便當中放幾個即可，注意計算好含糖量。

1/2 份

含糖量 **0.5** 克

蛋白質 **10.2** 克

熱　量 **255** 千焦

（61 千卡）

菠蘿臘腸

❄ 冷藏保存 3~4 天

材料 🌱

臘腸	50 克
菠蘿	60 克
熟花生	30 克
紅甜椒	30 克
青椒	30 克

調味料 🌱

鹽	3 克
橄欖油	1 小匙

做法 🍴

1 洗淨去籽的紅甜椒，切菱形塊；洗淨去籽的青椒，切菱形塊；處理好的菠蘿切小塊；臘腸斜刀切成片。

2 平底鍋中注入適量橄欖油燒熱，放入青椒、紅椒，爆香，再倒入臘腸、菠蘿塊，快速翻炒均勻。

3 注入少許清水，翻炒勻後再放入鹽，翻炒調味。

4 將煮好的食材盛出裝入盤中，再撒上熟花生即可。

減糖訣竅

a 這道美食加入了含有糖分的水果以及熟花生，可以在減量期作為零食，偶爾食用改換一下口味，但食用前需計算一下含糖量，不要讓當日攝取的總含糖量超標。

b 菠蘿中含有一種蛋白酶，有助於消化蛋白質類食物。

1/3 份

含糖量 **9.5** 克

蛋白質 **6.3** 克

熱　量 **766** 千焦

（183 千卡）

火腿芝士芹菜卷

❄ 冷藏保存 2~3 天

1 個	
含糖量	0.4 克
蛋白質	4.6 克
熱　量	285 千焦
	（68 千卡）

材料 🌿

方火腿	300 克
芝士	150 克
芹菜	2 株
紫椰菜	1/8 棵
黃甜椒	1/2 個
大蒜	1 瓣

調味料 🌿

鹽	適量
黑胡椒	適量

做法 🍴

1 方火腿切成薄片，芹菜切成與火腿片差不多寬的段。

2 紫椰菜切絲；黃甜椒切粗絲；大蒜切末。

3 鍋中注入適量清水燒開，放入芹菜，加少許鹽，焯熟後撈出，瀝乾水分。

4 將芝士放入微波爐，加熱 20 秒後取出，趁熱加入蒜末、黑胡椒，攪拌均勻。

5 取一片火腿，抹上一層調好味的芝士，再放上適量芹菜、紫椰菜、黃甜椒，捲成卷，將剩餘的火腿片用同樣的方法捲好即可。

煙肉炒菠菜

❄ 冷藏保存 1~2 天

1/2 份

含糖量 **1.3** 克

蛋白質 **20.7** 克

熱　量 **1088** 千焦

（260 千卡）

材料 🌱

煙肉⋯⋯⋯⋯⋯ 200 克
菠菜⋯⋯⋯⋯⋯ 165 克
蒜片⋯⋯⋯⋯⋯⋯ 少許

調味料 🌱

鹽⋯⋯⋯⋯⋯⋯⋯ 2 克
醬油⋯⋯⋯⋯⋯ 1 小匙
白胡椒粉⋯1/2 小匙
橄欖油⋯⋯⋯ 1 大匙

做法 🍴

1 洗好的菠菜切成段；煙肉切成片。

2 平底鍋中注入適量橄欖油燒熱，倒入蒜片，爆香；倒入切好的煙肉，翻炒片刻；加入醬油、白胡椒粉，翻炒均勻。

3 放入菠菜段，快速翻炒至變軟。

4 放入鹽，翻炒入味。

5 關火後將炒好的煙肉菠菜盛出，裝入盤中即可。

西班牙香腸

❄ 冷藏保存 4~5 天

材料 🌿

西班牙香腸…200 克
紫洋葱…………50 克
歐芹……………10 克
蒜末……………適量
香葉……………1 片

調味料 🌿

橄欖油…………2 小匙
紅葡萄酒………2 小匙
胡椒粉………1/2 小匙

做法 🍴

1　香腸切成厚薄均勻的片狀；洋葱洗淨切絲；歐芹洗淨切碎。

2　平底鍋中注入橄欖油燒熱，放入蒜末、香葉爆香；放入香腸翻炒均勻，淋入紅葡萄酒，燜煮 2 分鐘。

3　放入洋葱絲翻炒至熟，加入胡椒粉調味。

4　盛出裝盤，撒上歐芹碎即可。

--- 減糖訣竅 ---

ⓐ 西班牙莎樂美香腸沒有經過任何烹飪加工，只經過發酵和風乾程序，因此含糖量較低，每 100 克莎樂美香腸含糖量僅為 1.4 克，非常適合作為減糖飲食的原料。

ⓑ 如果選用其他香腸，要注意其在加工過程中是否添加糖及澱粉。

1/4 份

含糖量	1.9 克
蛋白質	14.0 克
熱　量	975 千焦
	（233 千卡）

水產類中糖與蛋白質的含量

　　魚類和海鮮的含糖量很少，尤其是秋刀魚等海魚含有減肥時所需的Ω-3脂肪酸，它是一種對人體有益的不飽和脂肪酸，有調節血脂、保護心血管的作用。以下為每100克魚或海鮮的含糖量與蛋白質含量。

淡水魚

大部分淡水魚的含糖量為0，在減糖飲食中可以任意選擇食用。一些淡水魚具有特殊的營養保健價值，如黃鱔富含維他命B$_2$，鯉魚有利水、消腫及通乳的作用等。

鯇魚
含糖量0克
蛋白質16克

三文魚
含糖量0.1克
蛋白質22克

三文魚

三文魚也叫「鮭魚」，含有不飽和脂肪酸、優質蛋白、維他命D以及多種礦物質，還富含花青素和花色素苷，有抗氧化和抗老化的作用。

吞拿魚

吞拿魚也叫「鮪魚」，富含DHA和EPA等Ω-3脂肪酸，與三文魚相比，吞拿魚的肉色偏紅。其鐵含量尤其豐富，另外還含有維他命D、維他命E、鋅等。

吞拿魚
含糖量0.1克
蛋白質22克

秋刀魚
含糖量0.1克
蛋白質19克

秋刀魚

秋刀魚富含DHA和EPA，營養價值很高，而且價格低廉，是性價比佳的海魚，不僅能保護心血管的健康，還有養顏美容的效果。

銀鱈魚
含糖量0.1克
蛋白質18克

銀鱈魚

銀鱈魚、鯛魚、比目魚、鰈魚等白肉魚，都是低脂肪、高蛋白魚類，有養護肝臟的作用，能預防飲酒過量造成的脂肪肝。

蝦
含糖量0克
蛋白質22克

魷魚
含糖量0.4克
蛋白質18克

蝦、魷魚、章魚

這三種海鮮都是低脂肪、高蛋白而且幾乎不含糖分的優質食材，很適合當做減肥期間的食材選擇。不僅健康營養，而且味道好，容易產生飽足感。

章魚
含糖量0.1克
蛋白質16克

花蛤
含糖量0.4克
蛋白質6克

貝類

貝類不僅含糖量低，其總熱量也非常低。花蛤的鐵質含量豐富，蜆具有恢復疲勞的作用，這些營養素大多溶於水，因此熬煮貝類的湯也可一起飲用。

魚類加工品

魚類加工品包括煙熏、水煮或油浸的魚罐頭，不僅容易保存，而且便於隨時食用，為身體補充營養。選購之前要仔細確認其添加成分中是否含有糖分。

煙熏三文魚
含糖量0.1克
蛋白質26克

燒烤秋刀魚

❄ 冷藏保存 4~5 天

材料 🌿

秋刀魚肉⋯⋯⋯ 300 克
檸檬⋯⋯⋯⋯⋯⋯ 20 克

調味料 🌿

鹽⋯⋯⋯⋯⋯⋯⋯ 2 克
醬油⋯⋯⋯⋯⋯ 1 小匙
橄欖油⋯⋯⋯⋯ 1 小匙
食用油⋯⋯⋯⋯⋯ 少許

做法 🍴

1　將洗淨的秋刀魚肉切段，再切上花刀，放盤中，加入鹽、醬油、橄欖油，拌勻，醃製約 10 分鐘。

2　烤盤中鋪好錫紙，刷上底油，放入醃製好的魚肉，擺放好，在魚肉上抹上食用油。

3　將烤盤放進預熱好的烤箱中，調溫度為 200℃，烤約 10 分鐘，至食材熟透。

4　待時間到，取出烤盤，稍微冷卻後將烤好的魚裝在盤中。

5　在盤子邊放上檸檬塊，吃之前依個人口味擠上少許檸檬汁即可。

── 減糖訣竅 ──

ⓐ 秋刀魚的含糖量很低，但由於含有較多脂肪酸，因此熱量稍高，吃完之後有很強的飽腹感，建議每次食用不超過一條。

ⓑ 秋刀魚的腥味較重，而且油脂含量高，檸檬汁具有去腥、解膩的作用。

ⓒ 秋刀魚很容易熟，烹製時不要加熱太久，以免破壞其中的營養成分。

1/3 份

含糖量 **0.7** 克

蛋白質 **19.1** 克

熱　量 **1335** 千焦

（319 千卡）

香煎鱈魚佐時蔬

❄ 冷藏保存 3~4 天

材料

銀鱈魚‥‥‥‥‥‥2 塊
聖女果‥‥‥‥‥‥5 個
（小番茄）
檸檬‥‥‥‥‥‥1/4 個
紫蘇葉‥‥‥‥‥‥3 片

調味料

橄欖油‥‥‥‥‥1 大匙
白葡萄酒‥‥‥‥2 小匙
辣椒粉‥‥‥‥‥1/2 小匙
鹽‥‥‥‥‥‥‥‥少許

做法

1 在平底鍋中倒入橄欖油燒熱，放入銀鱈魚煎片刻。

2 倒入白葡萄酒，放入紫蘇葉，繼續煎至鱈魚兩面微黃。

3 撒上鹽、辣椒粉調味，盛出裝盤。

4 聖女果對半切開，和檸檬一起擺盤，食用時擠上檸檬汁即可。

三文魚泡菜鋁箔燒

❄ 冷藏保存 4~5 天

材料 🥬

三文魚·········· 250 克
韭菜、洋葱··各 60 克
泡菜·············· 100 克
紅椒絲············ 10 克
葱花、白芝麻各適量

調味料 🥬

鹽······················ 2 克
白胡椒粉············ 2 克
醬油················ 1 小匙
白蘭地············ 1 小匙
辣椒醬·············· 適量
橄欖油············ 1 小匙

做法 🍴

1　洋葱切成絲；韭菜兩端修齊，切成小段；三文魚斜刀切成片。

2　碗裏放入鹽、白胡椒粉、白蘭地、醬油、辣椒醬，攪拌均勻。

3　再往碗中放入三文魚片、泡菜、韭菜、白洋葱、橄欖油拌勻。

4　將錫紙四周折疊起來做成一個碗，將拌好的料全部倒入錫紙碗內。

5　將錫紙放入平底鍋內，注入約 2 厘米高的清水，用中火燜製 12 分鐘，取出後撒上葱花、白芝麻、紅椒絲即可。

雙椒蒸帶魚

❄ 冷藏保存 4~5 天

1/3 份

含糖量 **4.0** 克

蛋白質 **16.9** 克

熱　量 **573** 千焦

（137 千卡）

材料

帶魚…………250 克
泡椒……………40 克
剁椒……………40 克
葱絲……………10 克
薑絲………………5 克

調味料

鹽………………2 克
白酒…………2 小匙
橄欖油………1 小匙

做法

1 帶魚處理好，切成段，放入碗中，加鹽、白酒、薑絲，拌勻，醃製 5 分鐘。

2 將備好的泡椒切去蒂，切碎備用。

3 將泡椒、剁椒分別倒在帶魚上面。

4 蒸鍋中加入適量清水燒開，放入帶魚，大火蒸約 10 分鐘。

5 待時間到，將帶魚取出。

6 熱鍋中注入橄欖油燒至微溫，放入葱絲，將油燒至八成熱後澆在帶魚上即可。

泰式檸檬蒸鱸魚

❄ 冷藏保存 1~2 天

1/3 份

含糖量 **1.3** 克

蛋白質 **37.7** 克

熱　量 **946** 千焦

（226 千卡）

材料 🌿

鱸魚············400 克
檸檬·············半個
剁椒············15 克
薑末············10 克
芫茜·············5 克

調味料 🌿

鹽···············3 克
白酒···········1 小匙
魚露·········1/2 小匙
橄欖油·········1 小匙

做法 🍴

1 處理好的鱸魚兩面劃上幾道一字花刀，再往鱸魚兩面撒上鹽，淋上白酒，抹勻，醃製 10 分鐘。

2 將備好的半個檸檬的汁全部擠到碗中，再倒入剁椒、薑末、魚露、橄欖油，充分拌勻，製成調味醬。

3 將醃製好的鱸魚的水分倒出，淋上製作好的調味醬。

4 蒸鍋中注入適量清水燒開，放入鱸魚，大火蒸 10 分鐘；待時間到，將蒸好的鱸魚取出，撒上芫茜即可。

烤黑芝麻龍脷魚

❄ 冷藏保存 4~5 天

材料

龍脷魚‧‧‧‧‧‧‧‧‧ 300 克
雞蛋液‧‧‧‧‧‧‧‧‧‧‧50 克
黑芝麻‧‧‧‧‧‧‧‧‧‧‧10 克

調味料

鹽‧‧‧‧‧‧‧‧‧‧‧‧‧‧‧‧‧‧ 3 克
黑胡椒粉‧‧‧‧‧‧‧ 2 小匙
白蘭地‧‧‧‧‧‧‧‧‧‧ 1 小匙
檸檬汁‧‧‧‧‧‧‧‧60 毫升
橄欖油‧‧‧‧‧‧‧‧‧‧ 1 小匙

做法

1 龍脷魚切段，放入碗中，加白蘭地、檸檬汁、胡椒粉、鹽，醃製 10 分鐘。

2 將雞蛋液倒入盤中待用。

3 熱鍋注油燒熱，放入龍脷魚，煎至六成熟。

4 將煎好的魚放入雞蛋液中，倒入黑芝麻，拌勻。

5 往備好的烤盤中刷上一層橄欖油，放上龍脷魚，再放入烤箱中，溫度調至 200℃，烤 10 分鐘即可。

減糖訣竅

ⓐ 黑芝麻的含糖量較低，2 小匙左右的黑芝麻含糖量約為 1 克，它能為身體補充優質蛋白質、脂肪酸以及多種抗氧化物質，還能夠補充能量、延緩衰老，在製作減糖飲食時建議經常使用。

ⓑ 龍脷魚肉質鮮嫩，幾乎沒有魚腥味，能為身體補充優質蛋白質。

1/3 份

含糖量 0.4 克

蛋白質 12.1 克

熱　量 515 千焦

（123 千卡）

魔芋絲香辣蟹

❄ 冷藏保存 2~3 天

材料 🌿

螃蟹	500 克
魔芋絲	280 克
綠豆芽	80 克
花椒	15 克
乾辣椒	15 克
薑片	少許
葱段	少許
芫茜	少許

調味料 🌿

鹽	2 克
辣椒醬	2 大匙
白酒	1 小匙
辣椒油	1 小匙
橄欖油	1 小匙

做法 🍴

1. 洗淨的螃蟹開殼，去除腮、心等，斬成塊，洗淨待用。

2. 熱鍋注油燒熱，倒入花椒、薑片、葱段、乾辣椒、辣椒醬，爆鍋後再倒入螃蟹，快速翻炒片刻，淋入少許白酒。

3. 在鍋內注入少許清水，倒入魔芋絲，翻炒片刻，用大火燜 5 分鐘至熟。

4. 倒入備好的綠豆芽，加入少許鹽，攪勻調味，放入些許辣椒油，翻炒至綠豆芽熟。

5. 關火後將炒好的菜裝入盤中，點綴上芫茜即可。

減糖訣竅

a. 這道菜口味偏辣，可以加快身體的新陳代謝速度，有助於減肥。

b. 辣椒醬不要選擇加了甜味的，如韓式辣醬、泰式甜辣醬等，最好選擇傳統的中式辣醬。

c. 螃蟹性寒，加入花椒、乾辣椒、白酒之後可以中和螃蟹的寒性。

1/2 份

含糖量 **6.4** 克

蛋白質 **25.6** 克

熱　量 **887** 千焦

（212 千卡）

夏威夷蒜味蝦

❄ 冷藏保存 4~5 天

材料 🌱

白蝦……………20 隻
大蒜………………2 瓣
檸檬…………1/4 個

調味料 🌱

辣椒粉……………適量
牛油………………10 克
橄欖油………1 大匙
鹽…………………少許

做法 🍴

1 白蝦切開蝦背，去除蝦線。

2 大蒜切碎。

3 平底鍋中倒入橄欖油燒熱，放入處理好的蝦，炒出香氣後轉成小火。

4 加入大蒜和牛油，繼續翻炒。

5 待大蒜炒成黃色後，擠入檸檬汁，加入鹽、辣椒粉調味即可。

新奧爾良煎扇貝

❄ 冷藏保存 3~4 天

1/3 份	
含糖量 **1.1** 克	
蛋白質 **3.7** 克	
熱　量 **172** 千焦	
（41 千卡）	

材料 🌿

扇貝‥3 個（60 克）
蟹味菇............50 克
洋蔥碎............10 克
蒜末............10 克
檸檬............1 片
生菜葉............3 片

調味料 🌿

新奧爾良粉.... 4 小匙
辣椒粉............1 小匙
白葡萄酒........1 小匙
橄欖油............1 小匙

做法 🍴

1 在盤中放上扇貝肉，撒上適量新奧爾良粉，擠上檸檬汁，拌勻；再淋上白葡萄酒、橄欖油，拌勻，醃製 10 分鐘。

2 平底鍋中注入適量橄欖油燒熱，倒入蒜末、洋蔥碎，炒香；倒入蟹味菇，炒勻，盛入碗中。

3 另起鍋，倒入少許橄欖油燒至微溫，放入扇貝肉，煎至焦黃色，盛入碗中。

4 另取一盤，將生菜葉和扇貝殼擺放在盤中，往扇貝殼中放入煮好的蟹味菇和煎好的扇貝肉，撒上少許辣椒粉即可。

花蛤五花肉泡菜湯

❄ 冷藏保存 2~3 天

材料 🌿

花蛤…………150 克

豆腐…………150 克

五花肉………100 克

黃豆芽………100 克

泡菜……………80 克

韭菜……………20 克

大葱段……………少許

大蒜……………少許

調味料 🌿

醬油……………1 小匙

醋……………1/2 小匙

橄欖油………1 小匙

做法 🍴

1 洗淨的大葱段斜刀切片；處理好的大蒜切片；洗好的韭菜切小段；洗淨的五花肉切片；豆腐切塊。

2 橄欖油起鍋，放入切好的五花肉片，煸炒片刻；放入蒜片、大葱片，炒出香味；加入泡菜，炒勻。

3 注入約 300 毫升清水，倒入處理乾淨的花蛤，煮約 1 分鐘至沸騰。

4 放入洗淨的黃豆芽，攪勻；放入豆腐塊，輕輕攪勻；倒入韭菜，加入醬油、醋，攪勻，煮約 1 分鐘至入味即可。

魷魚茶樹菇

❄ 冷藏保存 3~4 天

1/2 份

含糖量 **0.8** 克

蛋白質 **10.5** 克

熱 量 **448** 千焦

（107 千卡）

材料 🌿

魷魚·············· 100 克
茶樹菇············ 90 克
薑片·················· 少許
蒜末·················· 少許
蔥段·················· 少許

調味料 🌿

鹽 ···················· 3 克
橄欖油 ·········· 1 小匙

做法 🍴

1 處理乾淨的魷魚兩面切十字花刀後再切成片；洗好的茶樹菇切成兩段。

2 沸水鍋中倒入切好的魷魚，汆燙片刻至魷魚變卷，撈出，瀝乾水分，待用。

3 鍋中繼續倒入切好的茶樹菇，汆燙約 1 分鐘至剛熟，撈出，瀝乾水分，待用。

4 用油起鍋，倒入薑片和蒜末，爆香；放入汆燙好的魷魚和茶樹菇，快速翻炒。

5 加入鹽，炒勻；倒入蔥段，拌勻，盛出裝盤即可。

日式梅乾醬汁拌章魚秋葵

❄ 冷藏保存 4~5 天

材料 🌿

章魚············ 120 克
豆苗············ 100 克
秋葵··············· 3 條
鹽漬梅乾··········· 2 個
指天椒圈··········· 4 克
木魚花············· 適量

調味料 🌿

高湯··············· 1 大匙
橄欖油··········· 1 小匙

做法 🍴

1 洗淨的豆苗切小段;秋葵洗好,去柄、頭、尾切片。

2 洗淨的章魚將頭部和鬚分離,章魚鬚切開,切小段;劃開章魚頭,取出雜質,洗淨後切條。

3 鍋中注水燒開,放入章魚,汆燙 1 分鐘至熟,關火後撈出,過一遍涼水。

4 取一個大碗,倒入橄欖油、高湯、木魚花、鹽漬梅乾,拌勻;倒入涼透的章魚,加入秋葵片,拌勻。

5 另取一盤子,鋪上豆苗段,再倒入拌勻的食材,撒上指天椒圈即可。

減糖訣竅

a 章魚的含糖量非常低,每 100 克僅含 0.1 克糖分,是減糖飲食的優質食材。

b 選擇梅乾時要注意,千萬不要選擇用糖醃製的。日式鹽漬梅乾比較鹹,因此這道沙律可以不用另外放鹽。

c 將燙熟的章魚立即過一遍涼水,吃起來會更有嚼勁。

1/4 份

含糖量 0.7 克

蛋白質 6.9 克

熱 量 201 千焦

（48 千卡）

蛋豆類中糖和蛋白質的含量

　　蛋類的含糖量很低，又富含蛋白質，是營養豐富的優良食物。豆腐以及其他大豆製品可以幫助人體輕鬆攝取到植物性蛋白質，來補充動物性蛋白質的不足。以下為每100克蛋類或豆製品的含糖量與蛋白質含量。

雞蛋

雞蛋含糖量低，蛋白質含量豐富，而且具有除維他命C、膳食纖維之外的幾乎所有營養素。在進行減糖飲食的瘦身過程中，最好每天攝取適量雞蛋。

雞蛋1個
含糖量0.2克
蛋白質6克

手工豆腐1塊
（約300克）
含糖量3.6克
蛋白質20克

內酯豆腐1塊
（約300克）
含糖量5.1克
蛋白質15克

豆腐

豆腐的含糖量不高，尤其是質地較粗的手工豆腐，其含糖量比嫩豆腐更低，同時蛋白質和鈣的含量卻很豐富。

凍豆腐

將手工豆腐冷凍乾燥之後，就可得到凍豆腐。凍豆腐更加有利於消化，營養也濃縮其中。凍豆腐很適合煮湯，能充分吸收湯汁和味道，儲存起來也比豆腐方便。

凍豆腐1塊
（約20克）
含糖量0.8克
蛋白質10克

油豆腐1塊
（約30克）
含糖量0.8克
蛋白質14克

油豆腐

油豆腐的脂肪含量適中，比普通的豆腐更有嚼勁，當成主菜吃很有飽足感，而且很適合配搭肉類、蔬菜等各種食材，可用涼拌、炒製、煮湯等手法烹飪。

腐竹

腐竹便於貯存，烹飪方法簡單，適合配搭多種食材。雖然乾腐竹的糖類、蛋白質含量及熱量偏高，但做成菜時水分率上升較多，熱量下降，可適量食用。

腐竹1根
（約20克）
含糖量4.1克
蛋白質9克

豆漿1杯
（約200毫升）
含糖量5.8克
蛋白質7克

豆漿

豆漿富含大豆異黃酮，蛋白質含量比牛奶更高，適宜充當日常飲品或烹飪材料，購買時注意選擇無糖的豆漿。

豆渣

豆渣是黃豆打成豆漿後剩下的部分，含有豐富的膳食纖維，對改善便秘有幫助，在減糖飲食中可代替小麥粉或麵包粉。

豆渣每100克
含糖量2.3克
蛋白質6克

納豆

納豆1包
（約50克）
含糖量2.7克
蛋白質8克

納豆是大豆發酵食品的代表，一包納豆的含糖量低於5克，減肥期間可經常食用，而且納豆中的菌類有利於腸道健康，可防止便秘型肥胖。

香滑蛤蜊蛋羹

❄ 冷藏保存 1~2 天

材料 🌿

蛤蜊…………… 150 克
雞蛋液……… 100 克
火腿…………… 30 克
葱花…………… 少許

調味料 🌿

鹽……………… 2 克

做法 🍴

1 將火腿切成丁。

2 將雞蛋液倒入備好的大碗中,加鹽,注入適量的溫水,打散。

3 將雞蛋液倒入備好的盤中,放上備好的蛤蜊、火腿,包上一層保鮮膜,待用。

4 電蒸鍋注水燒開,放上食材,蒸 12 分鐘。

5 取出蒸好的食材,撕開保鮮膜,撒上葱花即可。

減糖訣竅

ⓐ 蛤蜊、雞蛋、火腿都是富含蛋白質的低糖食材,這道減糖菜品不僅含糖量低,而且營養豐富,但需要配搭蔬菜類菜品一起食用。

ⓑ 在攪打好的雞蛋液中加入少許 40℃ 左右的溫水,可以使蒸出來的雞蛋羹更滑嫩。

ⓒ 蒸雞蛋羹之前,用保鮮膜將蒸碗包起來,這樣蒸出的雞蛋羹表面平滑。

1/2 份

含糖量 0.6 克

蛋白質 12.9 克

熱　量 695 千焦

（166 千卡）

雞蛋獅子頭

❄ 冷藏保存 4~5 天

1/4 份

含糖量 **0.5** 克

蛋白質 **15.1** 克

熱　量 **1473** 千焦

（352 千卡）

材料 🌿

五花肉末┈┈┈ 180 克

去殼熟雞蛋┈┈ 4 個

小棠菜┈┈┈┈ 40 克

滑子菇┈┈┈┈ 25 克

薑末、蒜末┈┈各少許

調味料 🌿

鹽┈┈┈┈┈┈┈ 4 克

胡椒粉┈┈┈ 1/2 小匙

五香粉┈┈┈┈ 2 小匙

醬油、老抽┈┈各少許

食用油┈┈┈┈┈適量

高湯┈┈┈┈┈┈適量

做法 🍴

1 滑子菇與高湯一起攪打成滑菇醬。

2 五花肉末裝碗，放入薑末、蒜末、少許鹽、胡椒粉、醬油、1 小匙五香粉、滑菇醬，拌勻，醃製 10 分鐘。

3 將去殼雞蛋用醃好的肉末均勻包裹，製成雞蛋獅子頭生坯。

4 熱鍋中注入足量油，燒至七成熱，放入生坯炸約 2 分鐘至表皮微黃，撈出。

5 蒸盤中倒入少許涼開水，加入老抽、剩下的鹽、五香粉，拌勻；再放入獅子頭，蒸 30 分鐘，與燙熟的小棠菜一起裝盤即可。

焗蘑菇鵪鶉蛋

❄ 冷藏保存 4~5 天

1/4 份

含糖量 **0.6** 克

蛋白質 **36.3** 克

熱 量 **506** 千焦

（121 千卡）

材料 🌿

鵪鶉蛋	10 個
蘑菇	20 個
芝士碎	2 大匙
蒜末	少許
芫茜	適量
黑橄欖	適量

調味料 🌿

鹽	2 克
黑胡椒粉	1 小匙
橄欖油	1 小匙

做法 🍴

1 將一半蘑菇去蒂，挖空；另一半蘑菇切成碎末。

2 平底鍋中倒入橄欖油燒熱，下入蒜末，炒出香味；倒入蘑菇碎，翻炒均勻；加入黑胡椒粉、鹽，炒勻調味。

3 將已挖空的蘑菇中打入雞蛋，將炒好的餡料填入蘑菇中，再放上少許芝士碎。

4 將蘑菇放入預熱好的烤箱中，將火調至150℃，烤 15 分鐘至熟。

5 取出烤好的蘑菇，裝入盤中，點綴上芫茜、黑橄欖即可。

滑子菇煎蛋

❄ 冷藏保存 2~3 天

1/3 份

含糖量 **0.6** 克

蛋白質 **6.8** 克

熱　量 **486** 千焦

（116 千卡）

材料 🌿

雞蛋······················ 3 個
滑子菇············· 80 克
芫茜··············· 1 小把

調味料 🌿

鹽·························· 少許
橄欖油·········· 1 小匙

做法 🍴

1 芫茜洗淨，切成小段；滑子菇洗淨；將雞蛋磕入碗中，放入少許鹽，攪散拌勻，製成雞蛋液。

2 鍋中倒入適量清水燒開，放入滑子菇，加少許鹽、橄欖油，焯煮約 1 分鐘至剛熟，撈出，瀝乾備用。

3 平底鍋中注入適量橄欖油燒熱，倒入雞蛋液，將蛋液鋪平，再快速倒入滑子菇和芫茜，用煎鍋鏟子輕輕壓緊實，煎至金黃時翻面。

4 待兩面煎好後盛出砧板中，稍微放涼，切成塊狀，裝入盤中即可。

韭菜鹹蛋肉片湯

❄ 冷藏保存 2~3 天

1/2 份

含糖量	1.9 克
蛋白質	18.7 克
熱　量	929 千焦 （222 千卡）

材料

瘦肉 .... 100 克
韭菜 .... 30 克
鹹蛋黃 .... 2 個
豆腐 .... 200 克

調味料

鹽 .... 3 克
胡椒粉 .... 1/2 小匙
橄欖油 .... 1 小匙

做法

1 洗淨的瘦肉切薄片，裝入碗中，加入少許鹽、胡椒粉，拌勻，醃製片刻，待用。

2 將洗淨的韭菜切成段；洗淨的豆腐切塊；鹹蛋黃放碗中，用筷子夾散開。

3 橄欖油起鍋，倒入瘦肉，翻炒片刻至剛熟，倒入約 600 毫升清水，用大火煮沸。

4 加入豆腐、韭菜和鹹蛋黃，輕輕拌勻，煮至食材熟透。

5 加入適量鹽，用鍋勺拌勻調味，盛出裝入碗中即成。

大豆製品

麻婆豆腐

❄ 冷藏保存 3~4 天

材料 🌿

豆腐…………… 400 克
雞湯………………… 2 杯
蒜末…………… 15 克
葱花…………… 10 克

調味料 🌿

花椒粉………… 1 小匙
豆瓣醬………… 2 大匙
醬油…………… 1 小匙
橄欖油………… 1 小匙

做法 🍴

1 洗淨的豆腐切成小塊,放在備有清水的碗中,浸泡待用。

2 熱鍋注水燒熱,將豆腐放入鍋中,焯水 2 分鐘,倒出備用。

3 熱鍋注油燒熱,放入豆瓣醬炒香;放入蒜末炒出香味;倒入雞湯拌勻燒開,再倒入醬油,翻炒均勻。

4 放入豆腐燒開,撒入花椒粉,攪拌均勻調味。

5 出鍋前撒入葱花,使得菜色更美觀。

減糖訣竅

ⓐ 製作麻婆豆腐最好選擇手工豆腐或老豆腐,這種豆腐質地堅實,耐燉煮,因此可以多煮幾分鐘,使豆腐更入味。

ⓑ 用自己熬煮的雞湯作為調味料,不僅含糖量低,而且營養美味。在減糖飲食期間,冰箱中可以常備一些自製雞湯(無需加任何調料),如果想長期保存,就凍成冰塊,每次取出幾塊使用。

1/4 份

含糖量 **2.4** 克

蛋白質 **9.3** 克

熱　量 **184** 千焦

（44 千卡）

紅油皮蛋拌豆腐

❄ 冷藏保存 1~2 天

1/2 份

含糖量 5.3 克

蛋白質 8.0 克

熱　量 477 千焦

（114 千卡）

材料 🌿

皮蛋··················2 個
豆腐··············200 克
蒜末··················少許
葱花··················少許

調味料 🌿

鹽··················2 克
雞粉··················2 克
醋··············1/2 小匙
紅油··············1 小匙
醬油··········1/2 小匙

做法 ✗

1　洗好的豆腐切成小塊。

2　去皮的皮蛋切成瓣，擺入盤中，備用。

3　取一個碗，倒入蒜末、葱花，加入少許鹽、醬油，再淋入少許醋、紅油，調勻，製成味汁。

4　將切好的豆腐放在皮蛋上，澆上調好的味汁，撒上葱花即可。

涼拌油豆腐

❄ 冷藏保存 3~4 天

1/4 份

含糖量 **0.1** 克

蛋白質 **3.9** 克

熱　量 **322** 千焦

（77 千卡）

材料 🌿

油豆腐··········110 克
芫茜···············少許
薑末···············少許
葱花···············少許

調味料 🌿

鹽·················1 克
醬油············1 小匙
麻油············1 小匙

做法 🍴

1 油豆腐對半切開。

2 沸水鍋中倒入切好的油豆腐，氽煮約 1 分鐘至熟，撈出，瀝乾水分，裝盤，放涼待用。

3 將放涼的油豆腐裝碗，放入薑末、葱花，加入鹽、醬油、麻油，攪拌均勻。

4 將拌勻的油豆腐裝盤，放上洗淨的芫茜即可。

煎豆腐皮卷

❄ 冷藏保存 3~4 天

材料 🌿

豆腐皮……… 150 克
白芝麻………… 10 克
芫茜………………適量

調味料 🌿

孜然粉……… 1 小匙
辣椒粉……… 1 小匙
減糖甜麵醬…… 1 大匙
橄欖油……… 1 小匙

做法 🍴

1 洗淨的一大張豆腐皮切成數張長為 12 厘米，寬為 4 厘米的小豆腐皮。

2 將豆腐皮分別捲起，用牙籤固定好，待用。

3 平底鍋中注入適量橄欖油燒熱，放入豆腐皮卷，用小火煎約 3 分鐘至豆腐皮卷呈金黃色。

4 給豆腐皮卷刷上少許減糖甜麵醬，撒上適量辣椒粉，加上適量孜然粉，續煎 1 分鐘至入味。

5 取一個小碗，倒入剩餘減糖甜麵醬、辣椒粉和孜然粉，撒上白芝麻，製成醬料。

6 關火後盛出煎好的豆腐皮卷，蘸上醬料，點綴上芫茜即可。

減糖訣竅

a 豆腐皮的含糖量比豆腐高，食用時需注意控制好量。用油煎的方式烹製豆腐皮，可以充分獲得飽足感，有助於控制食用量。

b 這道減糖美食適合作為便當菜或下午茶零食，可放入冰箱中冷藏保存，食用前用微波爐加熱 2 分鐘即可。

1/4 份

含糖量 **7.5**克

蛋白質 **17.2**克

熱　量 **774**千焦

（185 千卡）

瘦肉蟹味菇煮豆漿

❄ 冷藏保存 1~2 天

材料 🌱

瘦肉	80 克
蟹味菇	25 克
紅蘿蔔	40 克
大葱	15 克
羅勒葉	5 克
豆漿	80 毫升

調味料 🌱

鹽	2 克
胡椒粉	1/2 小匙
橄欖油	1 小匙

做法 🍴

1 洗淨的大葱切塊；洗淨的紅蘿蔔切成小塊。

2 洗淨的瘦肉切小塊，裝入碗中，放入鹽、胡椒粉，拌勻，醃製 5 分鐘至入味。

3 鍋中倒入適量橄欖油，放入醃好的瘦肉，翻炒片刻至轉色；倒入大葱塊，炒出香味。

4 注入約 300 毫升清水，放入紅蘿蔔塊，加入洗淨的蟹味菇，煮約 3 分鐘至食材熟透。

5 倒入拌勻的豆漿，攪勻，煮約 1 分鐘至入味，盛出裝碗，放上羅勒葉即可。

鹹蛋黃燒豆腐

❄ 冷藏保存 2~3 天

材料 🌿
嫩豆腐·········150 克
熟鹹蛋黃·········2 個
葱花·············15 克

調味料 🌿
鹽·················少許
雞湯···········1/2 杯
橄欖油·········1 小匙

做法 🍴

1　將洗淨的豆腐切小塊；熟鹹蛋黃壓扁，再切碎，待用。

2　熱鍋注油燒熱，倒入鹹蛋黃，炒散。

3　倒入雞湯，放入豆腐，炒勻，大火煮6 分鐘至入味。

4　加入鹽，拌勻調味。

5　將菜肴盛出裝入碗中，撒上備好的葱花即可食用。

梅乾納豆湯

❄ 冷藏保存 2~3 天

材料 🌿

納豆……………40 克
豌豆苗…………20 克
鹽漬梅乾…………1 顆

調味料 🌿

醬油……………1 小匙

做法 🍴

1 將豌豆苗放入沸水中焯煮至剛熟，撈出。

2 備好一個杯子，放入焯好的豌豆苗。

3 加入納豆、鹽漬梅乾，注入適量開水至八分滿。

4 淋入少許醬油，食用時拌勻即可。

─── 減糖訣竅 ───

ⓐ 納豆不僅低糖、高蛋白，而且含有豐富的膳食纖維和礦物質，其中的納豆菌在腸道內大約能保持一周左右，可以保護腸胃健康，防止便秘，納豆激酶可提高體內脂肪的代謝率，對減肥有一定的輔助作用。

ⓑ 這道減糖美食最好晚餐食用，降脂減肥的效果更好。

1 份

含糖量 **2.4**克

蛋白質 **8.0**克

熱　量 **352**千焦

（84千卡）

沙律和醃菜，
提前做好隨時享美味

在進行減糖飲食期間，一定要保證攝入足夠的維他命和礦物質；因此除了肉類、魚類、海鮮、豆製品之外，你的食譜中還需要一些蔬菜類的沙律和醃菜，本章會為你介紹。

法式醬汁蔬菜沙律

❄ 冷藏保存 3~4 天

材料 🌿

番茄⋯⋯⋯⋯⋯120 克
青瓜⋯⋯⋯⋯⋯130 克
生菜⋯⋯⋯⋯⋯100 克

調味料 🌿

檸檬汁⋯⋯⋯⋯1 大匙
白醋⋯⋯⋯⋯⋯1 小匙
椰子油⋯⋯⋯⋯1 小匙

做法 🍴

1 洗淨的青瓜對半切開,再切片;洗好的番茄對半切開,去蒂,切成丁;洗淨的生菜切成片,待用。

2 取一個大碗,放入切好的生菜、番茄、青瓜,混合裝入盤中。

3 取小碗,倒入椰子油、檸檬汁、白醋,攪拌均勻成沙律汁。

4 將沙律汁裝入一個方便倒取的器皿中,食用前淋在蔬菜上即可。

減糖訣竅

ⓐ 這道沙律非常簡單易做,平時可以準備兩到三天的份量,將拌勻的蔬菜和沙律汁分開冷藏保存,食用前再將沙律汁淋在蔬菜上即可。

ⓑ 椰子油被稱為世界上最健康的食用油,含糖量為零,而且含有中鏈脂肪酸,不需要脂肪酶分解,是最容易燃燒的脂肪,不會增加身體的代謝負荷,因此對瘦身減肥很有幫助。

ⓒ 除了番茄、青瓜、生菜,還可以換成任何非根莖類的當季蔬菜。

1/4 份

含糖量 **1.9** 克

蛋白質 **1.0** 克

熱　量 **109** 千焦

（26 千卡）

鮮蝦牛油果沙律

❄ 冷藏保存 3~4 天

材料

鮮蝦仁…………70 克
牛油果…………1 個
洋葱……………50 克
蒜末……………2 小匙

調味料

鹽………………2 克
胡椒粉…………1 小匙
檸檬汁…………1.5 小匙
椰子油…………1 小匙
朗姆酒…………1 小匙
沙律醬…………2 大匙

做法

1 洗淨的洋葱切片；洗淨的牛油果對半切開，去核，切成塊，待用。

2 平底鍋中倒入椰子油燒熱，放入蒜末，爆香。

3 倒入處理乾淨的鮮蝦仁，翻炒半分鐘至轉色，加入鹽、胡椒粉，炒勻調味，盛出。

4 牛油果中倒入檸檬汁，攪拌均勻；炒好的蝦仁中放入朗姆酒，拌勻。

5 取大碗，放入拌好的牛油果、蝦仁，加入洋葱片，倒入沙律醬，拌勻裝盤即可。

苦瓜豆腐沙律

1/4 份	
含糖量 **2.7** 克	
蛋白質 **2.4** 克	
熱　量 **285** 千焦 （68 千卡）	

材料 🌿

苦瓜…………… 100 克
嫩豆腐………… 100 克
洋蔥……………… 60 克
番茄……………… 60 克
薑末、蒜末…各少許

調味料 🌿

鹽………………… 3 克
醬油、醋… 各 1 小匙
椰子油……… 1/2 小匙
海苔…………… 1 小片
白芝麻………… 1 小匙
黑胡椒粉……… 1 小匙

做法 🍴

1 豆腐切丁；洋蔥切絲；苦瓜去籽，斜刀切片；番茄切丁；海苔剪成條。

2 鍋中注入適量的清水，大火燒開，放入苦瓜，焯煮至剛熟，撈出，瀝乾水分。

3 碗中淋入適量椰子油，加入醬油、醋、白芝麻，放入薑末、蒜末、黑胡椒粉，攪拌勻，製成味汁。

4 備一個大碗，放入苦瓜，淋入椰子油，放入鹽，攪拌勻，倒入豆腐丁、番茄丁、洋蔥絲，充分拌勻後裝入盤中，澆上味汁，撒上海苔條即可。

油醋汁素食沙律

材料 🌿

生菜·············40 克
聖女果··········50 克
（小番茄）
藍莓············10 克
杏仁············20 克

調味料 🌿

紅葡萄酒醋···2 小匙
橄欖油·········1 小匙

做法 🍴

1 洗淨的聖女果對半切開；洗好的生菜切成小段。

2 取沙律碗，放入生菜、杏仁、藍莓，加入橄欖油、紅葡萄酒醋，攪拌均勻。

3 取一個盤，用切好的聖女果圍邊。

4 在盤子中間倒入拌好的食材即可。

減糖訣竅

a 如果經常在家製作減糖沙律，可以備一些紅葡萄酒醋，只需要加上一些橄欖油，就成了別具風味的沙律汁，適合製作蔬菜、水果、肉類、堅果等沙律。紅葡萄酒醋還可以為身體補充鐵質，促進氣血循環，有助於脂肪的代謝。

b 藍莓的含糖量不高，而且富含花青素，是一種強效抗氧化物質，可以幫助身體代謝肉類產生的毒素，是減糖飲食期間可以選用的水果，但需要注意食用量。

1/4 份

含糖量 **5.7** 克

蛋白質 **1.5** 克

熱　量 **322** 千焦

（77 千卡）

吞拿魚蘆筍沙律

❄ 冷藏保存 3~4 天

材料 🌱

罐裝吞拿魚…100 克
雞蛋……………… 2 個
蘆筍……………80 克
黑橄欖…………20 克
生菜…………… 100 克
馬鈴薯… 4 個（小）

調味料 🌱

橄欖油………… 2 小匙
黑胡椒碎…1/2 小匙
白蘭地………… 1 小匙
檸檬汁………… 1 小匙

做法 🍴

1 雞蛋煮熟，放涼之後剝殼，對半切開。

2 鍋中倒入適量清水燒開，放入蘆筍，汆燙至熟，撈出瀝乾。

3 將馬鈴薯清洗乾淨，帶皮煮 15 分鐘至熟，撈出。

4 將罐裝吞拿魚瀝乾水分，用手撕成細絲；黑橄欖、生菜切成片。

5 將所有的食材放入沙律碗中，加入檸檬汁、白蘭地、橄欖油拌勻。

6 將拌好的食材裝盤，撒上少許黑胡椒碎即可。

減糖訣竅

ⓐ 罐裝吞拿魚是低糖、高蛋白食材，而且方便百搭，在減糖飲食期間可常備，加些蔬菜、水煮蛋，就能馬上做出一款美味沙律。

ⓑ 馬鈴薯的糖分含量較高，在減糖飲食期間只建議少量使用，可以選擇小馬鈴薯，有助於控制食用量，增加飽腹感。

1/4 份

含糖量 **1.9** 克

蛋白質 **8.8** 克

熱　量 **419** 千焦

（100 千卡）

芝麻蒜香醃青瓜

❄ 冷藏保存 1 周

1/2 份

含糖量 **5** 克

蛋白質 **4.3** 克

熱　量 **247** 千焦

（59 千卡）

材料 🌱

青瓜……………… 1 根

大蒜……………… 2 瓣

白芝麻…………… 適量

泡椒……………… 5 個

調味料 🌱

醬油…………… 2 大匙

白醋…………… 1 大匙

羅漢果代糖…… 1 大匙

鹽……………… 適量

做法 🍴

1 青瓜切薄片；大蒜切薄片；泡椒切成兩段。

2 在切好的青瓜上撒 2 小匙鹽，翻拌均勻，醃製約 2 小時，溢出青瓜自身的水分。

3 取一個稍大的容器，倒入醬油、白醋、2 杯水，放入泡椒、羅漢果代糖，攪拌均勻。

4 將醃好的青瓜擠乾水分，放入調好的汁中，包上保鮮膜，放入冰箱冷藏。

5 醃製 5~6 小時後即可將青瓜撈出食用，食用前撒上白芝麻即可。

香草水嫩番茄

❄ 冷藏保存 1 周

1/4 份

含糖量 **4.8** 克

蛋白質 **3.2** 克

熱　量 **155** 千焦
（37 千卡）

材料

番茄············500 克
歐芹············1 小把
芫茜············1 小把
大蒜············2 瓣

調味料

白醋············1 大匙
羅漢果代糖····1 大匙
白酒············1 小匙
鹽··················適量

做法

1 番茄切成瓣；大蒜切薄片；歐芹、芫茜切碎。

2 取一個稍大的容器，倒入白醋、白酒、2 杯水，加入鹽、羅漢果代糖，攪拌均勻。

3 將番茄、歐芹碎、芫茜碎、大蒜片放入調好的汁中，包上保鮮膜，放入冰箱冷藏。

4 醃製 5~6 小時後即可將番茄撈出食用。

潮式醃瀨尿蝦

❄ 冷藏保存 4~5 天

材料 🥬

瀨尿蝦·········· 200 克
紅辣椒··········· 15 克
薑末················· 少許
蒜末················· 少許
蔥花················· 少許
芫茜················· 少許

調味料 🥬

鹽···················· 2 克
白酒··············· 1 小匙
醬油··············· 1 小匙
羅漢果代糖 1/2 小匙
醋···················· 1 小匙
紅油··············· 1 小匙

做法 🍴

1 將處理好的瀨尿蝦放入碗中，加入切成圈的紅辣椒、薑末、蒜末、蔥花。

2 加入芫茜，放入鹽、白酒、醬油、羅漢果代糖，淋入醋、紅油，攪拌片刻。

3 封上保鮮膜，靜置醃製 3 個小時至入味。

4 待時間到，去除保鮮膜。

5 將醃製好的蝦轉入盤中，擺好盤即可。

減糖訣竅

ⓐ 這道菜非常適合減糖飲食，可準備大一些的密封容器，將蝦與調味料拌勻，蓋上蓋放入冰箱冷藏即可，便於每天隨時取用。

ⓑ 除了瀨尿蝦，也可以選擇新鮮的河蝦製作這道菜品。

1/4 份

含糖量 **1.4**克

蛋白質 **9.3**克

熱　量 **243**千焦

（58千卡）

肉末青茄子

材料 🌿

青茄子··········280 克
牛絞肉···········80 克
秋葵···············2 個
大蒜···············1 瓣
香葉···············1 片

調味料 🌿

紅葡萄酒········1/4 杯
鹽················少許
橄欖油··········2 小匙
辣椒粉··········2 小匙
高湯················少許

做法 🍴

1　青茄子洗淨，切成 2 厘米的塊；秋葵切成小塊；大蒜切成末。

2　將秋葵放入榨汁機中，加入少許高湯，攪打成秋葵醬。

3　平底鍋中倒入橄欖油燒熱，放入蒜末、香葉、牛絞肉，炒香。

4　放入青茄子塊，翻炒片刻，再倒入紅葡萄酒熬煮。

5　加入辣椒粉，倒入秋葵醬，繼續熬煮片刻，加鹽調味即可。

6　將煮好的食材放入密封容器中，晾涼後放入冰箱冷藏 1 天後取出食用。

減糖訣竅

ⓐ 茄子很適合製作醃菜，待其充分吸收了絞肉的油脂和調味料，會更加好吃，取出後可直接當做涼菜。

ⓑ 秋葵醬可以增加這道菜的黏稠度，令茄子的口感更爽滑。如果嫌麻煩，也可以直接將秋葵切成薄片，最後放入鍋中，翻炒片刻。

1/4 份

含糖量 **2.1** 克

蛋白質 **4.9** 克

熱 量 **251** 千焦

（60 千卡）

自製減糖醬料

在減糖飲食期間，建議提前做好一些常用的醬料放在冰箱裏備用，只需要將新鮮蔬菜或者煮熟的肉類、蛋類等混合在一起，淋上喜歡的醬料就可以享用。製作減糖醬料常用的原料如下：

沙律醬

用油、蛋黃、醋製作而成，可以直接當做蔬果類沙律的醬料，也可以作為調製其他醬料的基礎材料。

橄欖油

因營養價值高、有利於健康而受到人們的喜愛，並且具有獨特的清香味道，能增加食材的風味，是最適合調配沙律醬汁的油類。

麻油

中式沙律中不可缺少的調和油，香氣濃郁，可賦予食材生動的味道，加入食醋、蒜調成的醬汁適宜搭配各種蔬菜，加入芝麻醬、辣椒調成的醬汁適宜搭配豆製品。

醋

為沙律增加酸味的必備調料，能中和肉類的油膩感。米醋為大米釀造而成，除了酸味，還有一定的醇香味道，白醋則是單純的酸味，可在白醋中加入橄欖油調製成低脂健康的油醋醬。

乳酪

蔬果是美容瘦身的最佳選擇，直接淋上乳酪就是一道美味。此外，乳酪具有獨特的奶香味和酸味，因此也適合自由搭配橄欖油、檸檬汁、蒜蓉等，調製成不同風味的醬汁。

芝麻醬

很受大眾喜愛的醬料，一般需加水稀釋，搭配醬油、辣椒等味道極佳，可隨意搭配肉類、豆製品、蔬菜等各式沙律。

醬油

屬釀造類調味品，具有獨特的醬香，能為食材增加鹹味，並增強食材的鮮美度。拌食多選擇醬油，其顏色較淡，但味道較鹹。老抽則多用於燉煮上色。

辣椒粉

相對於有可能添加了糖分的市售辣椒醬，辣椒粉更適合用於製作減糖飲食。辣椒還具有促進新陳代謝的作用，可加速脂肪在體內的代謝。不同品種的辣椒粉辣度不一樣，在用量上需要根據自己的喜好來把握。

檸檬汁

可代替醋來為醬料增加酸味，並具有獨特的香氣，能使食材的口感更清新，具有緩解油膩的作用。此外，新鮮的檸檬汁還能為身體補充維他命C。

黑胡椒

可增加辛辣感，令醬料的口感層次更突出，又不會奪味，還能為肉類食材去腥、增鮮。現磨的黑胡椒粒味道比黑胡椒粉更加濃郁，可依菜品的具體需要進行選擇。

葱、薑、蒜

中式口味的罐沙律最常用的調味料，有去腥、提味的作用，兼具殺菌、防腐的作用，尤其適合搭配肉類食材。

濃醇芝麻醬

冷藏保存 1~2 周

材料

純芝麻醬、高湯各 4 大匙，醬油 1 大匙，麻油 2 小匙

做法

在純芝麻醬中加入高湯，充分調開稀釋，再加入醬油、麻油，攪拌均勻即可。

> 1 大匙
> 含糖量 0.5 克
> 蛋白質 1.5 克
> 熱量 209 千焦
> （50 千卡）

自製沙律醬

冷藏保存 3~4 天

材料

雞蛋黃 1 個，鹽、胡椒粉少許，食用油 3 大匙，蘋果醋 2 小匙，芥末醬 1 小匙

做法

將雞蛋黃磕入碗中，攪打成糊，倒入蘋果醋、芥末醬攪拌均勻，再加入食用油、鹽、胡椒粉，攪勻即可。

> 1 大匙
> 含糖量 0.2 克
> 蛋白質 0 克
> 熱量 481 千焦
> （115 千卡）

酸甜油醋醬

冷藏保存 1~2 周

材料

醬油、橄欖油各 1 大匙，羅漢果代糖 2 小匙，醋 2 大匙，麻油少許

做法

將所有材料放入碗中，攪拌均勻即可。

> 1 大匙
> 含糖量 22 克
> 蛋白質 0.3 克
> 熱量 130 千焦
> （31 千卡）

1 大匙
含糖量 **0.8** 克
蛋白質 **0.1** 克
熱量 **75** 千焦
（18 千卡）

風味葱醬
冷藏保存 1~2 周

材料 🌱

葱碎 4 大匙，蒜泥 1/2 小匙，高
湯 1/2 杯，鹽 1/4 小匙，黑胡椒
少許，羅漢果代糖 2 小匙，麻油
2 大匙

做法 🍴

將葱碎和麻油倒入碗中，放入微
波爐加熱 40 秒，取出後，將剩
下所有材料倒入攪拌均勻即可。

檸檬油醋汁
冷藏保存 1~2 周

材料 🌱

檸檬汁 1 大匙，大蒜 1/2 瓣，鹽、
胡椒粉少許，橄欖油 40 毫升

做法 🍴

將大蒜搗碎成蒜泥，加入檸檬汁、
橄欖油拌勻，再加鹽、胡椒粉拌勻。

1 大匙
含糖量 **0.5** 克
蛋白質 **0.1** 克
熱量 **339** 千焦
（81 千卡）

1 大匙
含糖量 **1.9** 克
蛋白質 **0.5** 克
熱量 **63** 千焦
（15 千卡）

無糖烤肉醬
冷藏保存 1~2 周

材料 🌱

葱碎 1 大匙，蒜泥、生薑泥各 1/2 小匙，
醬油、高湯各 1/4 杯，麻油 1 大匙

做法 🍴

將葱碎和麻油倒入碗中，放入微波爐加
熱 30 秒，倒入剩下所有材料拌勻即可。

意式蒜味海鮮醬

冷藏保存 1 周

材料 🌿

海鮮醬 20 克，大蒜 30 克，橄欖油 1/4 杯

做法 🍴

鍋中注入適量清水燒熱，放入大蒜，煮熟後撈出，瀝乾水分。再將煮熟的大蒜用刀背壓碎，放入碗中，加入海鮮醬、橄欖油拌勻即可。

1 大匙
含糖量 0.8 克
蛋白質 0.6 克
熱量 285 千焦
（68 千卡）

1 大匙
含糖量 0.5 克
蛋白質 1.4 克
熱量 289 千焦
（69 千卡）

多味芝士醬

冷藏保存 1~2 周

材料 🌿

忌廉芝士 120 克，鹽少許，黑胡椒碎 1 小匙，辣椒粉 1 小匙

做法 🍴

將芝士用微波爐加熱 30 秒，加入少許水調勻稀釋，再加入鹽、黑胡椒碎、辣椒粉，充分拌勻即可。

羅勒醬

冷藏保存 1~2 周

材料 🌿

羅勒葉 30 克，大蒜 1/2 瓣，鹽少許，芝士粉 2 小匙，橄欖油 40 毫升

做法 🍴

將大蒜、羅勒葉、1 小匙橄欖油一起搗成糊狀，加入剩下的橄欖油、鹽、芝士粉拌勻。

1 大匙
含糖量 0.2 克
蛋白質 0.5 克
熱量 285 千焦
（68 千卡）

芫茜醬

冷藏保存 1~2 周

材料

芫茜 1 小把，檸檬汁 1 小匙，鹽少許，辣椒粉 2 小匙，橄欖油 1/4 杯

做法

芫茜切碎，放入料理機中，加入其餘的材料，一起攪打成醬狀。

1 大匙
含糖量 0.2 克
蛋白質 0.3 克
熱量 260 千焦
（62 千卡）

蒜香番茄醬

冷藏保存 1 周

材料

煙肉 4 片，大蒜 2 瓣，番茄 2 個香葉 1 片，鹽少許，橄欖油 2 大匙

做法

煙肉、大蒜、番茄切碎，加入橄欖油略炒，再加水、香葉熬煮成醬狀，取出香葉，加鹽調味即可。

1 大匙
含糖量 0.5 克
蛋白質 0.3 克
熱量 46 千焦
（11 千卡）

香草牛油醬

冷藏保存 2 周

材料

牛油 100 克，鹽少許，歐芹 1 小把，大蒜 1 瓣，檸檬汁 2 小匙

做法

歐芹切碎，蒜搗成泥；在牛油中加入歐芹、蒜泥、鹽、檸檬汁，一起攪拌均勻即可。

1 大匙
含糖量 0.2 克
蛋白質 0.1 克
熱量 306 千焦
（73 千卡）

湯品和燉煮菜，
滋養身體不長胖

有些湯品和燉煮的菜品，放一放再享用，味道更加香醇，因此非常適合作為「做一次吃幾天」的減糖常備菜。慢慢享用有嚼勁的肉塊，完全感覺不到減肥期間的煩惱和痛苦。

紅酒燉牛肉

❄ 冷藏保存 4~5 天

材料 🌿

牛腱肉··········600 克
洋蔥·············1/8 個
滑子菇···········30 克
大蒜·············1 瓣
番茄············1/2 個

調味料 🌿

紅酒·············3 杯
鹽、胡椒粉···各適量
橄欖油··········1 大匙
高湯·············2 杯
香葉·············1 片
鹽··············少許
芫茜葉···········少許

做法 🍴

1 牛腱肉切成塊，放入碗中，撒上少許鹽、胡椒粉，拌勻，醃製片刻。

2 洋蔥、大蒜分別切碎；滑子菇、番茄分別放入榨汁機，攪打成滑菇糊、番茄糊。

3 平底鍋中倒入橄欖油燒熱，放入牛肉炒至變色，盛出；再放入洋蔥、大蒜炒香。

4 將牛肉放回鍋中，倒入紅酒煮至沸騰後，加入高湯、番茄糊、香葉，以小火熬煮約 2 小時。

5 加入滑菇糊，攪拌至湯汁濃稠，加少許鹽調味，最後撒上芫茜葉即可。

減糖訣竅

ⓐ 加入滑菇糊可以增加湯汁的濃稠感，而且不會增加這道菜的含糖量。

ⓑ 自製的番茄糊不含澱粉、糖等成分，含糖量非常低。

ⓒ 製作這道菜宜選用黑胡椒，最好用現磨的黑胡椒碎，熬煮出的牛肉味道會更香。

臘腸魔芋絲燉雞翼

❄ 冷藏保存 4~5 天

1/4 份

含糖量 **2.3** 克

蛋白質 **15.7** 克

熱　量 **854** 千焦

（204 千卡）

材料 🌿

雞中翼 ········· 200 克
魔芋絲 ········· 170 克
臘腸 ············· 60 克
芹菜 ············· 30 克
乾辣椒 ··········· 10 克
八角、花椒、薑片、
蔥白 ··········· 各少許

調味料 🌿

鹽、橄欖油 ··· 各適量
生抽 ············· 2 小匙
白酒 ············· 1 小匙
白胡椒粉 ··· 1/2 小匙

做法 🍴

1　摘洗好的芹菜切成小段；臘腸切成片；處理好的雞中翼對半切開。

2　雞中翼裝入碗中，放入適量鹽、生抽、白酒，加入白胡椒粉，拌勻，醃製 10 分鐘。

3　熱鍋注入適量的清水燒開，倒入魔芋絲，汆煮片刻，撈出，瀝乾水分。

4　熱鍋注油燒熱，倒入蔥白、薑片、八角、花椒，爆香。

5　倒入雞中翼、乾辣椒、臘腸，淋入白酒、生抽，注入少許清水，再倒入魔芋絲，加鹽後炒勻，蓋上鍋蓋，小火燜 10 分鐘，放入芹菜翻炒片刻，盛出裝碗即可。

清燉羊脊骨

❄ 冷藏保存 2~3 天

1/3 份

含糖量 **0.1** 克

蛋白質 **19.3** 克

熱　量 **967** 千焦

（231 千卡）

材料 🌿

羊脊骨…………340 克
大蒜……………2 瓣
小茴香…………10 克
花椒粒…………10 克
薑片……………適量
芫茜……………適量
蔥………………適量

調味料 🌿

鹽………………3 克
胡椒粉………1/2 小匙

做法 🍴

1　鍋中注入適量的清水燒開，倒入剁好的羊脊骨，汆煮去除血水，撈出，瀝乾水分。

2　砂鍋中注入適量清水燒熱，放入羊脊骨，加入花椒粒、薑片、小茴香。

3　再放入大蒜、蔥，蓋上鍋蓋，大火煮開後轉小火燉 1 小時。

4　掀開鍋蓋，放入鹽、胡椒粉，攪拌片刻，使食材入味。

5　關火後將燉好的湯盛出裝入碗中，放上芫茜即可。

番茄泡菜海鮮鍋

❄ 冷藏保存 3~4 天

材料 🌱

老豆腐⋯⋯⋯⋯ 120 克
番茄⋯⋯⋯⋯⋯ 100 克
魷魚⋯⋯⋯⋯⋯60 克
蝦⋯⋯⋯⋯⋯⋯80 克
金針菇⋯⋯⋯⋯50 克
韓式辣白菜⋯⋯35 克
瑤柱⋯⋯⋯⋯⋯10 克

調味料 🌱

鹽⋯⋯⋯⋯⋯⋯⋯ 3 克
橄欖油⋯⋯⋯⋯ 1 小匙
高湯⋯⋯⋯⋯⋯⋯適量

做法 🍴

1 豆腐切成塊；辣白菜切片；洗淨的番茄去蒂，切成塊。

2 鮮蝦去鬚，洗淨，放入沸水鍋中，煮至蝦色轉紅，撈出瀝乾水分。

3 魷魚洗淨，把裏面髒東西取出，切成圈，下入沸水中焯煮 3 分鐘後撈出瀝乾。

4 鍋裏倒入少許橄欖油，放入辣白菜，再倒入高湯，大火煮開。

5 放入番茄、魷魚、蝦、瑤柱，中火煮 10 分鐘。

6 再加入老豆腐、金針菇，放入鹽，拌勻，煮至滾沸即可。

減糖訣竅

ⓐ 這道菜湯鮮味美，尤其適合在寒冷的冬季食用，但是注意不要喝太多湯，以免攝入過多的糖分。

ⓑ 金針菇中含有大量的膳食纖維，和海鮮配搭食用，不僅營養均衡，還能夠幫助身體排出多餘的毒素。

1/4 份

含糖量 **2.4** 克

蛋白質 **11.2** 克

熱　量 **569** 千焦

（136 千卡）

法式蝦仁濃湯

❄ 冷藏保存 3~4 天

材料 🌿

蝦仁…………… 400 克
洋蔥…………… 1/2 個
大蒜…………… 1 瓣
番茄…………… 1/4 個
開心果………… 少許

調味料 🌿

鹽、辣椒粉…… 各少許
香葉…………… 1 片
雞湯…………… 3 杯
白葡萄酒……… 1 大匙
鮮奶油………… 1/2 杯
橄欖油………… 2 大匙

做法 🍴

1 蝦仁去除蝦線；洋蔥、大蒜切成薄片；開心果壓碎。

2 將番茄放入榨汁機中，倒入雞湯，攪打成稀糊。

3 平底鍋中倒入橄欖油燒熱，放入蝦仁，炒香後轉小火，下入洋蔥、大蒜一起翻炒。

4 將炒好的食材倒入攪拌機中攪碎（可保留數隻蝦仁作裝飾用），再倒回鍋中，加入白葡萄酒，煮沸後倒入番茄雞湯糊、香葉、鮮奶油，攪拌均勻，煮至濃稠；加入鹽、辣椒粉調味，再飾上蝦仁及撒上開心果碎即可。

淡菜竹筍筒骨湯

❄ 冷藏保存 2~3 天

1/3 份	
含糖量	**1.3** 克
蛋白質	**10.4** 克
熱　量	**532** 千焦
	（127 千卡）

材料 🌿

竹筍·············· 100 克
筒骨·············· 120 克
水發淡菜乾······ 50 克

調味料 🌿

鹽······················ 2 克
胡椒粉········· 1/2 小匙

做法 🍴

1 洗淨的竹筍切去底部，橫向對半切開，再切成小段。

2 沸水鍋中放入洗淨的筒骨，汆燙約 2 分鐘至去除腥味和髒污，撈出，瀝乾水分。

3 砂鍋注水燒熱，放入汆燙好的筒骨，倒入泡好的淡菜，放入切好的竹筍，攪勻。

4 加蓋，用大火煮開後轉小火續煮 2 小時。

5 揭蓋，加入鹽、胡椒粉，攪勻調味，盛出裝碗即可。

黃豆雞肉雜蔬湯

❄ 冷藏保存 2~3 天

材料 🌿

雞肉·············50 克
水煮黃豆·········50 克
椰菜·············60 克
香菇·············15 克
番茄·············1 個
大蔥·············20 克
去皮紅蘿蔔······10 克
羅勒葉·············少許

調味料 🌿

鹽·················3 克
胡椒粉·········1 小匙
芝士粉·······1/2 小匙

做法 🍴

1 番茄切塊，放入榨汁機中攪打成糊。

2 椰菜切塊；紅蘿蔔切圓片；大蔥切圓丁；香菇去蒂，切十字刀成四塊；雞肉切小塊。

3 將切好的雞肉裝碗，加入 1 克鹽、1/2 小匙胡椒粉，拌勻，醃製 5 分鐘。

4 鍋中注入適量清水燒開，倒入水煮黃豆，再倒入醃好的雞肉塊，放入切好的紅蘿蔔片、大蔥丁，攪勻，煮約 5 分鐘至食材軟熟。

5 倒入切好的香菇塊，放入切好的椰菜，倒入番茄糊，攪拌均勻，稍煮片刻。

6 加入 2 克鹽、1/2 小匙胡椒粉調味，關火後盛出，撒上芝士粉、羅勒葉即可。

減糖訣竅

a 這道湯品既有動物蛋白、植物蛋白，又有多種蔬菜、菌菇提供的膳食纖維、維他命、礦物質，還有少量奶製品提供蛋白質、鈣、磷等營養成分，能為身體提供所需的大部分營養。

b 在各種蔬菜中，紅蘿蔔的含糖量偏高，但能提供對身體有益的 β-胡蘿蔔素，可少量食用。

1/2 份

含糖量 **8.1** 克

蛋白質 **12.4** 克

熱　量 **603** 千焦

（144 千卡）

茄汁菌菇蟹湯

❄ 冷藏保存 2~3 天

1/2 份

含糖量 **5.4** 克

蛋白質 **30.4** 克

熱 量 **1134** 千焦

（271 千卡）

材料

花蟹…………… 200 克
番茄…………… 80 克
蘑菇…………… 40 克
杏鮑菇………… 50 克
芝士片………… 1 片
娃娃菜………… 200 克
蔥段、薑片…各適量

調味料

鹽…………………… 2 克
胡椒粉………… 1/2 小匙
食用油…………… 適量

做法

1 花蟹處理乾淨，剁成大塊；洗淨的蘑菇切成片；杏鮑菇切成片；娃娃菜對切開，再切粗條；番茄切成丁。

2 鍋中注入適量清水燒開，倒入蘑菇、杏鮑菇，焯水片刻，撈出，瀝乾水分。

3 熱鍋注油燒熱，倒入蔥段、薑片，爆香，放入花蟹，翻炒至轉色，加入番茄，翻炒片刻。

4 在鍋內注入適量清水，攪拌，煮至沸，倒入焯過水的食材，略煮片刻，撇去浮沫；加入娃娃菜、芝士片，煮至芝士片溶化，放入鹽、胡椒粉調味即可。

辣味牛筋

1/4 份	
含糖量 **2.5** 克	
蛋白質 **34.1** 克	
熱　量 **632** 千焦 （151 千卡）	

材料 🌿

辣味滷水·1200 毫升
牛蹄筋·········· 400 克

調味料 🌿

鹽····················· 3 克

做法 🍴

1 鍋中注入適量的清水大火燒開。

2 倒入洗淨的牛蹄筋，攪拌，去除雜質，將牛蹄筋撈出，瀝乾水分，待用。

3 鍋中倒入辣味滷水大火煮開，倒入牛蹄筋，注入適量清水，加入鹽，拌勻。

4 蓋上鍋蓋，大火煮沸後轉小火燜 2 小時。

5 揭開鍋蓋，將牛蹄筋撈出。

6 將牛蹄筋擺在砧板上，切成小塊，將切好的牛蹄筋裝入盤中，澆上鍋內湯汁即可。

大白菜燉獅子頭

❄ 冷藏保存 3~4 天

材料 🌿

大白菜··········170 克
豬絞肉··········130 克
雞湯··········350 毫升
薑末··········少許
蒜末··········少許

調味料 🌿

鹽··········2 克
胡椒粉········1/2 小匙
五香粉········1/2 小匙

做法 🍴

1 將洗淨的大白菜切去根部，再切開，用手掰散成片狀。

2 將豬絞肉放入碗中，加入薑末、蒜末、鹽、少許胡椒粉、五香粉，沿着一個方向不停攪拌至肉上勁，將拌好的肉泥捏成一個個的丸子。

3 砂鍋中注入適量清水燒熱，倒入雞湯，放入捏好的肉丸，蓋上蓋，大火燒開後用小火煮 20 分鐘。

4 揭開蓋，放入大白菜，攪勻，繼續煮至大白菜變軟。

5 加入鹽、胡椒粉，再煮幾分鐘至食材入味即可。

減糖訣竅

a 由於沒有在肉餡中添加澱粉，所以黏度不夠，沿着一個方向不停地攪拌，可以使肉餡上勁，增加黏度，更容易捏成丸子。

b 大白菜是最適合燉湯的蔬菜之一，並且富含膳食纖維，肉丸也是適合減糖飲食的方便菜品。

1/4 份

含糖量 **0.8** 克

蛋白質 **8.4** 克

熱　量 **318** 千焦

（76 千卡）

薑絲煮秋刀魚

❄ 冷藏保存6天

材料 🌿

秋刀魚·············· 4 條
生薑·············· 20 克

調味料 🌿

醬油·············· 3 大匙
檸檬汁·········· 1 小匙
羅漢果代糖···· 4 大匙

做法 🍴

1 秋刀魚洗淨，去除頭部和內臟，切成兩段，瀝乾水分。

2 生薑洗淨，連皮一起切成絲。

3 鍋中倒入 2 杯清水，加入生薑絲、醬油、羅漢果代糖、檸檬汁，再放入秋刀魚。

4 蓋上鍋蓋，大火煮開後轉小火熬煮 30 分鐘即可。

減糖訣竅

a 秋刀魚含有大部分食材中缺乏的 Ω-3 脂肪酸，建議每天適量食用，有助於保護心血管的健康，增強大腦功能。

b 秋刀魚的腥味較重，可以多放些生薑，檸檬汁也有助於去腥。

c 這道菜存放一兩天後味道更佳，建議一次多做些，放進冰箱保存。

1/4 份

含糖量 **1.8** 克

蛋白質 **19.6** 克

熱　量 **1377** 千焦

（329 千卡）

減糖甜點，
讓甜蜜零負擔

不要想當然地以為減糖飲食期間不可以吃甜食，其實只要願意花些心思，沒有什麼是不可以實現的。本章就為你介紹一些用豆腐、鮮奶油、羅漢果代糖等製作的減糖甜點。

咖啡蛋奶凍

❄ 冷藏保存 4~5 天

材料 🌿

咖啡粉…………2 大匙
鮮奶油…………1/2 杯
魚膠粉……………8 克

調味料 🌿

羅漢果代糖……4 大匙
肉桂粉……………少許
無糖椰蓉…………少許

做法 🍴

1　用濾泡的方式將咖啡粉沖泡成約 2 杯份量的咖啡。

2　將魚膠粉加入 6 大匙水中，充分溶解；鮮奶油打發到不會滴落為止。

3　將咖啡倒入鍋中，隔水加熱使其保持溫熱，倒入魚膠水、羅漢果代糖充分攪拌。

4　用冰水冷卻鍋底，同時攪拌鍋中的材料，待其黏稠度增加後，加入鮮奶油攪拌均勻。

5　將攪拌好的材料倒入盛器內，放進冰箱冷藏，凝結成果凍狀後取出，撒上肉桂粉、無糖椰蓉即可。

減糖訣竅

ⓐ 最好選用現磨的咖啡粉，用濾泡的方法沖泡。濾泡咖啡的香氣濃厚，可以讓這道甜品的味道和香氣更加濃醇。

ⓑ 用冰水冷卻鍋底時，攪拌至鍋中的材料黏稠度增加後即可從冰水中拿出，不用再冷卻。

ⓒ 加了明膠和鮮奶油的奶凍，具有果凍般的彈滑口感，還可用小一些的模具，做成下午茶零食。

1/4 份

含糖量 **3.7** 克

蛋白質 **3.1** 克

熱　量 **473** 千焦

（113 千卡）

減糖提拉米蘇

❄ 冷藏保存 3~4 天

1/4 份

含糖量 **6** 克

蛋白質 **3.3** 克

熱　量 **1017** 千焦

（243 千卡）

材料 🌿

馬斯卡邦芝士200 克
杏仁片…………15 克
可可粉…………2 大匙

調味料 🌿

羅漢果代糖…… 1 大匙
白葡萄酒…… 2 小匙

做法 🍴

1 杏仁片用烤箱加熱 2~3 分鐘；白葡萄酒用微波爐加熱 30 秒。

2 在碗中放入馬斯卡邦芝士、杏仁片、羅漢果代糖、白葡萄酒，充分攪拌均勻。

3 將攪拌好的材料分裝至適合一人份的容器中，撒上一層可可粉，放入冰箱冷藏。

紅茶布丁

❄ 冷藏保存 2~3 天

1/4 份

含糖量 **5.4** 克

蛋白質 **7.6** 克

熱　量 **707** 千焦
（169 千卡）

材料 🌿

紅茶茶包………… 2 包
純牛奶……… 410 毫升
雞蛋………………… 1 個
蛋黃………………… 4 個

調味料 🌿

羅漢果代糖…… 1 大匙

做法 🍴

1 鍋中倒入 200 毫升牛奶煮沸，放入紅茶茶包，轉小火略煮，取出茶包。

2 將蛋黃、雞蛋、羅漢果代糖倒入容器中，用攪拌器攪勻，倒入剩餘的牛奶，快速攪拌，用篩網將拌好的材料過篩兩遍。

3 倒入煮好的紅茶牛奶，拌勻，製成紅茶布丁液，將紅茶布丁液倒入牛奶杯內；把牛奶杯放入烤盤，在烤盤上倒入適量清水。

4 將烤盤放入烤箱，調為上火 170℃、下火 160℃，烤 15 分鐘後取出，待布丁晾涼，放入冰箱冷藏即可。

抹茶豆腐布丁

❄ 冷藏保存 2~3 天

材料 🌿

內酯豆腐‧‧‧‧‧‧200 克
牛奶‧‧‧‧‧‧‧‧‧150 毫升
抹茶粉‧‧‧‧‧‧‧‧3 小匙
鮮奶油‧‧‧‧‧‧‧‧1/2 杯
魚膠粉‧‧‧‧‧‧‧‧‧‧5 克

調味料 🌿

羅漢果代糖‧‧‧‧1 大匙

做法 🍴

1 將魚膠粉加入少量冷水中，充分溶解。

2 牛奶用小火加至溫熱，倒入魚膠水、羅漢果代糖，攪拌片刻，關火。

3 內酯豆腐放入攪拌機中，再加入抹茶粉，啟動機器，將其攪碎；再倒入溫熱的牛奶，再次啟動機器，攪拌成混合物。

4 鮮奶油用電動打蛋機打發至混合物不會滴落為止。

5 將混合物倒入打發好的鮮奶油裏，繼續用電動打蛋機攪拌一會兒，分裝入小容器中，放入冰箱冷藏。

━━ 減糖訣竅 ━━

a 如果用淡奶油，最好提前冷藏 12 小時，這樣才容易打發。打至將奶油刮起來不滴落即可，打發過頭會造成水油分離。

b 魚膠粉要先用冷水溶解，再加入溫熱的牛奶中，也可用魚膠片代替，大約需要 1.5 片。

c 將牛奶加熱至溫熱即可，不要煮沸。

1/4 份

含糖量 **5.9** 克

蛋白質 **6.8** 克

熱　量 **853** 千焦
（204 千卡）

黃豆粉杏仁豆腐

❄ 冷藏保存 4~5 天

1/4 份

含糖量 **8.1** 克

蛋白質 **6.8** 克

熱　量 **590** 千焦

（141 千卡）

材料

甜杏仁…………20 克
開心果…………20 克
黃豆粉………… 3 小匙
牛奶………… 400 毫升
魚膠粉………… 7 克

調味料

羅漢果代糖… 1 大匙

做法

1 將魚膠粉加入少量冷水中，充分溶解。

2 甜杏仁、開心果放入攪拌機中，選擇「乾磨」功能，將其攪打成粉末。

3 牛奶倒入鍋中，開火，待牛奶變得溫熱時加入魚膠水、羅漢果代糖，攪拌片刻。

4 加入甜杏仁開心果粉、黃豆粉，充分攪拌均勻，關火。

5 將混合液體倒入容器中，放入冰箱中冷藏，待凝固後即可食用。

椰奶奇異果冰棍

❄ 冷藏保存 10 天

1/6 份

含糖量 **6.1** 克

蛋白質 **17.4** 克

熱　量 **703** 千焦

（168 千卡）

材料 🌿

椰奶……………1/2 杯

奇異果…………… 1 個

鮮奶油…………… 1 杯

魚膠粉…………… 3 克

調味料 🌿

羅漢果代糖… 2 大匙

做法 🍴

1　將魚膠粉用 2 大匙清水充分溶解；奇異果去皮，切成片。

2　鍋中倒入椰奶、羅漢果代糖，煮沸後關火，倒入魚膠水，攪拌均勻；用電動打蛋器將鮮奶油打發至凝固起泡。

3　將鍋置於冰水中，一邊冷卻一邊攪拌其中的材料，待其變黏稠後拿出。

4　鍋中先加入 1/3 杯鮮奶油，攪拌均勻，再加入剩下的鮮奶油拌勻。

5　將奇異果片放入冰棍模具中，再倒入攪拌好的材料，放進冰箱冷凍即可。

豆漿乳酪雪糕

❄ 冷藏保存 4~5 天

1/4 份

含糖量 **4.9** 克

蛋白質 **4.1** 克

熱 量 **239** 千焦

（57 千卡）

材料 🌿

豆漿………… 250 毫升
乳酪………… 250 毫升
蛋白……………… 4 個

調味料 🌿

羅漢果代糖…… 1 大匙

做法 🍴

1 將豆漿倒入鍋中，開火，燒至溫熱時，倒入羅漢果代糖攪拌至融化，關火。

2 用電動打蛋器將蛋白打發至凝固發泡。

3 緩緩向發泡的蛋白中倒入豆漿，迅速攪拌均勻。

4 倒入乳酪，攪拌均勻之後再稍稍加熱一會兒。

5 待混合物晾涼後倒入模具，放入冰箱冷凍，食用時用挖球器挖出即可。

海苔芝麻芝士球

❄ 冷藏保存 2~3 天

1/4 份

含糖量 **1.5** 克

蛋白質 **8.7** 克

熱　量 **540** 千焦

（129 千卡）

材料 🌿

芝士……………120 克
蛋白……………2 個
豆渣……………適量
海苔……………適量
白芝麻…………適量

調味料 🌿

食用油……………適量

做法 🍴

1 將芝士切碎，用手捏成小球狀。

2 海苔切碎，和白芝麻一起拌勻。

3 將芝士球放在蛋白中滾一圈，再放入豆渣中滾一圈，最後均勻地沾上一層海苔芝麻。

4 鍋中倒入少許食用油燒熱，將芝士球放在漏勺上，放入油鍋中快速炸約 30 秒後撈出，裝盤後食用。

減糖飲食
持續瘦身不反彈

作者
孫晶丹

責任編輯
譚麗琴

美術設計
翠賢

排版
劉葉青

出版者
萬里機構出版有限公司
香港北角英皇道499號北角工業大廈20樓
電話：2564 7511　　傳真：2565 5539
電郵：info@wanlibk.com
網址：http://www.wanlibk.com
　　　http://www.facebook.com/wanlibk

發行者
香港聯合書刊物流有限公司
香港荃灣德士古道220-248號荃灣工業中心16樓
電話：2150 2100　　傳真：2407 3062
電郵：info@suplogistics.com.hk
網址：http://www.suplogistics.com.hk

承印者
中華商務彩色印刷有限公司
香港新界大埔汀麗路36號

出版日期
二〇一九年九月第一次印刷
二〇二二年六月第二次印刷

本書繁體字版由廣東科技出版社有限公司授權出版